カラー版 愛犬百科シリーズ

愛犬の繁殖と育児百科

愛犬の友編集部／編

誠文堂新光社

カラー版・愛犬百科シリーズ

………愛犬の繁殖と育児百科………

目次

CONTENTS

序 ……… 宮田勝重 6

CHAPTER 1

どうして子犬を産ませるのですか？ ……… 宮田勝重 7

1 なぜ子犬を産ませたいのか？ 8

●生まれた子犬はどうするの●親子一緒に飼うこと

2 子犬を産ませたい 10

●産ませてはいけないケース●難産になりやすい種類と楽な犬種●子犬の成長

3 ショー・ドッグを作りたい 15

●スタンダードとブリーディング●血統と交配●ブリーディング仲間

4 子犬を育ててみたい 20

●写真で記録する●出産から手放すまで

CHAPTER 2

交配と妊娠 ……… 天野三幸 23

1 発情と交配の時期 24

●最初の発情●交配の前にしておくこと●交配相手を探す●交配の取り決め
●発情がきたら●雌犬の性周期●交配の時期●スメア検査●交配の実際

2 妊娠徴候 35

●食欲●腹部の変化●行動●体重の増加

3 妊娠の確認 37

4 偽妊娠 40

5 妊娠中の管理 40

●妊娠前期●妊娠中期●妊娠後期●妊娠末期●流産

CHAPTER 3

出産 ……… 松崎正実 43

1 性成熟と繁殖可能年齢 44

●性成熟● 繁殖に適した年齢と時期

2 出産を控えての準備 44

●産室の準備●レントゲン検査

3 出産直前までにする準備 46

4 出産の実際と助産方法 47

●出産兆候の見分け方●陣痛の始まり●正常な出産の様子● 助産方法について

5 出産後の管理 53
●母犬の管理●子犬の成長記録
6 分娩の異常 54
●難産の兆候とは●難産の原因●診断、治療と予後

CHAPTER 4 子犬の育て方 …………… 天野三幸 59
1 保温 60
2 排泄 60
3 健康チェック 62
4 哺乳と人工哺乳 63
●人工哺乳●ミルク●哺乳ビン●飲ませ方●一日の哺乳の目安
5 離乳と離乳食 66
●離乳の時期●離乳食●離乳食の与え方

CHAPTER 5 形成術について …………… 野矢雅彦 75
1 形成術の歴史 76
2 形成する目的 77

3 美容形成の是否 79
4 機能改善のための形成術 81
●口蓋裂●ヘルニア●眼瞼内反症、眼瞼外反症、逆さまつ毛●先天性膝蓋骨脱臼

CHAPTER 6 心に傷のない子犬を育てるには ………… 宮田勝重 85
1 新生児期（生まれて2～3週間まで） 87
2 社会化期（生まれて4～9週～3カ月まで） 88
3 幼齢期 90

CHAPTER 7 登録 ………… 早川靖則 91
1 血統書は必要か 92
2 犬舎号（犬舎名） 94
3 名前のつけ方 96

CHAPTER 8 繁殖の生理学 …… 野矢雅彦 99

1 卵巣機能から見た雌犬の繁殖生理 100
●卵胞相（発情前期）●黄体相（発情期、発情休止期）● 新しい卵胞相（無発情期）
●性周期に関連しているホルモン
2 外貌と行動から見た発情周期 102
●発情前期●発情期● 発情休止期
3 発情から妊娠まで 103
●発情周期の間隔●発情と日照時間●交尾●雄犬の精子●受胎●妊娠
4 妊娠中のホルモンレベル 107
5 着床およびその後の変化 108
6 妊娠の維持 109
7 胎児の発育と妊娠診断 109
8 分娩 110
9 性周期と膣垢の変化 113
10 偽妊娠 114

CHAPTER 9 遺伝性疾患の管理 …… 早川靖則 115

1 先天性異常 116

2 遺伝性疾患 116
3 さまざまな遺伝性疾患 118
●股関節形成不全（HD）●肘関節形成不全（ED）●先天性網膜萎縮症（PRA）
●その他の遺伝性疾患●形成外科手術を必要とする疾患
4 遺伝性疾患の管理 129

CHAPTER 10 人工授精 …… 松崎正実 131

1 人工授精とは 132
2 人工授精の必要性 132
●性格に問題のある場合●どうしても上手く自然交配ができない場合
3 人工授精の応用 134
●人工授精のメリット●人工授精のデメリット
4 人工授精の実際 135
●準備するもの●採取方法●雌への注入方法●注入後の注意
5 人工授精の今後 138

CHAPTER 11 犬の避妊について …… 野矢雅彦 139

1 不妊の目的 140

●不幸な犬をつくらない●家族として暮らすために

2 不妊手術の利点 140

●避妊による病気予防効果●去勢による病気予防効果●他の不妊方法

3 雌犬の避妊手術方法 143

4 雄犬の去勢手術方法 145

5 不妊手術に対する心構え 145

CHAPTER 12 子犬の衛生管理 …………………… 松崎正実 147

1 とくに注意すべき時期 148

2 出産直後の注意 148

●体温と温度管理●呼吸●奇形●整形●アクシデント

3 新生児の健康チェック 152

●母乳異常●母乳の飲み具合と子犬の体重の変化

4 新生児に多い病気 153

●先天的異常●酸素欠乏●新生児眼炎

5 子犬の健康チェック 154

●元気●食欲●尾の形・振り方●便の状態

6 子犬に多い病気、アクシデント 156

●寄生虫●栄養障害●先天性疾患●アクシデント

7 ワクチンの種類と接種時期 157

●ワクチンの種類●接種時期●抗体の検査

8 子犬の手入れ 158

●シャンプー●トリミング●爪切り●耳の手入れ

犬種別・子犬の成長データ 68

トーイ・プードル 三本正子／ミニチュア・ダックスフント 鈴木好美／ジャック・ラッセル・テリア 小原 紀／シェットランド・シープドッグ 内野見伃子／ゴールデン・リトリーバー 福島則子／ジャーマン・シェパード 根本一志

交配・出産カレンダー 74

犬の出産予定日早見表 162

各犬種の断尾基準表 163

索引 164

執筆者紹介 167

序

子犬を産ませるという贅沢

今の日本で犬と暮らすということは、最も贅沢な趣味の一つです。まず犬の飼える環境にあるということ、そして何より重要なことは、犬と共に暮らす時間があるということです。犬と暮らすには、毎日犬と共に過ごす時間が必要ですが、この時間がないのが今の日本人です。まして、子犬を育てるにはさらに余裕のある時間が必要で、とても多くの日本人が参加できるとは思えません。

子犬を産ませるということを「繁殖」といいますが、これは他の家畜からきた言葉で、犬を家族として共に暮らす人には気に染まない感触があると思います。しかし紛れもなく犬は人が作った家畜で人が管理しています。家畜を人がある目的をもって計画的に作る、つまり育種といいますが、そのための生産が繁殖です。今いるたくさんの犬の種類は、それぞれの地域で、地域の環境と使用目的に応じて作られた犬たちです。そのため環境と目的にあった体つきと、そして忘れがちですが性格を持っています。

犬の繁殖を試みる人には二つのタイプがあります。一つは自分の理想とする犬を追い求める人、もう一つは子犬を育てるのを楽しむ人です。自分で理想とする犬を追い求めるには、多くの犬を産ませ、その中から自分の理想に近い犬を選択するということになります。その時に必要でない犬が多数生まれ、それが犬のマーケットに流れてきます。動物の愛護団体からそのことについて批判があることも配慮してください。そのためには綿密に計画された繁殖計画によって、効率の良い繁殖を目指してください。

ただ子犬を育てたいという人は、一度だけにしてください。犬は人と精神的につながりの深い動物ですから、そうたくさんの犬と暮らすことはできません。最近の犬は15～20年生きることも稀ではありません。そのことを考えると、多くの子犬を育てることは困難です。犬の繁殖には責任が伴います。

（宮田勝重）

CHAPTER

1

宮田　勝重

どうして子犬を産ませるのですか？

1 なぜ子犬を産ませたいのか？

日本には1000万頭の犬がいて、その約半数は純粋の犬ですから、ほとんどは人間が産ませようと思って産ませた犬たちです。しかし、その産ませた犬のかなりの部分が、新しい飼い主の手に渡る前に命を落とし、飼えなくなって処分されることもあります。純粋の犬の多くは、ブリーダーや生産業者といわれる人たちが産ませていて、そのことでいくつかの問題を抱えています。

犬は生まれる前から人の手が加わらないと、心も体もそろった健康な犬には育ちません。生産業者といわれる繁殖場では、多数の犬が人とほとんど触れ合うことなく子犬を産んでいます。そこで通用するのは経済効率ですから、人件費も当然抑えられ、心が育つような繁殖は行なわれません。また生涯の出産回数も多く、母犬の負担も大きくなります。

犬は年2回発情があり出産も可能ですが、連続しての出産は母体の健康を考えると推薦できません。最近では犬のテーマパークでの生産も行なわれるようになってきましたが、経営の基本は生産業者と同じで、とても性格まで考慮した生産は行なわれません。

理想的な子犬は大家族の家庭の中で、家族の一員として育てられて生まれます。

また雌犬を飼っていれば、その犬の子供が欲しくなるのも人の自然な感情です。孫の顔を見たいという感情と似たところがありますが、子犬と暮らす楽しさは大人の犬とは違って格別です。さらに自分で取り上げた子犬を育てるのは、途中から子犬を飼うのとはまた違った楽しみがあり、可愛さが一段と深まります。

生まれた子犬はどうするの

しかし、人と違って犬は一回の出産数が多い多産な動物ですから、生まれた子犬全部を飼うことはできません。誰か子犬を飼ってくれる人を確保してから繁殖する必要があります。もちろん友達に無理に押し付けるのはよくありません。欲しくない犬や、環境的に飼える種類ではない犬を飼うと、犬も人も不幸になってしまいます。

親子一緒に飼うこと

ペットショップに引き取ってもらうこともあるでしょうが、できればウインドウに並べるのではなく、飼いたいという人を

生まれた子犬すべてを飼うことは不可能です。子犬たちが幸せに暮らせるような里親を見つけてから繁殖を考えてください

紹介してもらって手数料を払う方法がいいと思います。引き渡しも小型犬であれば3カ月以後、大型犬の場合でも2カ月までは親と一緒においておきたいものです。

アメリカでは毎年700〜800万頭の犬が飼えなくなって処分されています。日本でも30万頭ぐらいですが、この理由としては、飼えない犬を飼ったり、無理な繁殖によるものが挙げられます。不幸な犬を産ませないことも人の責任です。

犬の飼育はほとんどが家族に1頭ですが、複数飼育の場合もあります。同性の飼育であれば問題はありませんが、異性の飼育であればたとえ親子でも子犬が産まれてしまいます。子犬が欲しくないのなら、ぜひ避妊をすべきです。

2 子犬を産ませたい

戌《いぬ》の日に安産のお参りをするように、犬は安産と思われていますが、大きさや種類によっては安産というわけではありません。当然のことながら、一般的に大型犬より小型犬の方が難産です。

雌犬の最初の発情は小型犬では7カ月頃ですが、大型犬では1年半位まで遅れることがあります。いずれにしても最初の発情の頃は、体の成長が充分ではありませんから見送るべきです。生涯に何度も産ませるわけではありませんから、1~2歳以上になるまで産ませる必要もないでしょう。また、人と違って犬は生涯子犬を産むことができますが、高齢、7~8歳を過ぎると体への負担が大きすぎます。

犬は年に2回の発情があり、約2カ月の妊娠期間があります。が、10月に発情があり交配すると、出産の時期が正月になってしまいます。やはり人が忙しい時も出産は避けるべきでしょう。

雄犬も発情があると思われていますが、雌の発情につられて騒ぐのであって、雄には発情がありません。交配可能となる時期は生後7~8カ月以上ですが、小型犬は性格的に交配がうまくいかない傾向にあります。

産ませてはいけないケース

★小さ過ぎる犬

小型犬でその犬の標準サイズから見て、明らかに出産が難しいほど小さな犬の場合、出産は無理です。

★犬種標準から繁殖が禁止されている欠点のある犬

それぞれの犬種には、その理想型を求めた犬種標準、つまりスタンダードというものがありますが、このスタンダードに照らして、欠点とされる異常があるものについては繁殖を自粛すべきです。日本ではあまり守られていませんが、股関節形成不全、肘関節形成不全、先天性網膜萎縮などの遺伝的疾患がある場合も出産は避けるべきです。

★慢性疾患

当然のことですが、出産は母犬にとって体力を消耗する大事業です。飼い主は誰でも、何か病気があれば出産を避けると思います。しかし慢性的な病気は、飼い主が気づかないことが意外に多いものです。交配の前の健康診断が求められます。

★家族構成

独り暮らしの場合、出産は事実上不可能です。出産に立ち会うことや離乳など、案外人手を

独り暮らしでは人とのふれあいが少なくなり、子犬の心の発育のためにも問題があります

必要とします。さらに、もう一つ忘れてはいけないことは、子犬への心理的影響です。子犬は人に触れないと、社会化に問題が起こると考えられています。独りでは人に触れる機会が少なく、子犬の精神的発育の上でも、問題があります。

★住宅環境

マンションなどの集合住宅では完全にペット飼育が禁止されているか、「建前禁止」になっています。建前禁止というのは、禁止規約がないと飼育者のマナーが悪くなるというのが理由のようです。また、飼育可能であっても、大きさや数に制限があるのが普通で、出産は避けるのが普通です。

しかし、マンションを地域社会と考えると、その社会の中に犬の出産などがあり、それが子供たちの目に触れるのは望ましいことです。マンションも立地条件や住人など様々です。その状況を考えながら出産を考えましょう。

難産になりやすい種類と楽な犬種

★短頭種

頭が大きく顔の短い犬を、短頭種といいます。ペキニーズ、狆、パグ、ブルドッグ、フレンチブルドッグなどですが、これらの犬は難産の傾向にあります。とくにブルドッグは、ほぼ100%難産と思っていいでしょう。これらの犬の場合は、出産予定日を必ず動物病院に連絡しておいてください。

★小型犬

小型犬が最もお産が重く、とくに小さい個体は難産、帝王切開の確率が高くなります。出産頭数が少ない、出産日が伸びるなども、難産の確率が高くなる因子です。

また、社会性の育っていない犬も出産、子育てをすることが

ブルドッグなどの短頭種は、難産になる傾向があります

できない場合があります。陣痛、分娩までは生理的なことですから起こりますが、犬によっては、子犬が生まれても全く関心がなかったり、母乳を与えるのを拒否することもあります。

★中型犬

標準的な犬の体形で、出産も重くはありません。生まれる子犬の数も4～5頭で標準です。最も出産の楽な大きさです。

★大型犬

出産は軽いのですが、出産頭数も多い傾向にあります。多いと10頭を超すこともありますから、子犬の引き受け先を考えて産ませる必要があります。

子犬の成長

一つの種類で犬ほど体形に違いのある動物はないといわれています。一口に犬を育てるといっても、大型犬と小型犬ではまったく違った動物と考えたほうがいいでしょう。成長のスピードを紹介します。

チワワとグレート・デンでは、誕生時でも10倍ぐらい違いますが、60日後にはその差は30倍にもなります。当然、お産から離乳、子育てまで、食事も心のケアもすべてが違います。グレート・デンの子犬が5頭生まれるということは、2カ月たつと15kgのやんちゃな子犬が5頭いることになります。ただ形が好きだとか、飼ってみたいなどという理由では、飼うことはもちろん、お産をさせることもできません。

もっともお産が楽なのは、標準的な体型の中型犬です

犬種ごとの子犬の成長スピード （単位g）

	誕生時	10日	30日	60日
チワワ	90	160	300	560
トーイ・プードル	110	220	500	630
シェットランド・シープドッグ	260	600	2350	3850
ワイアヘアード・フォックス・テリア	200	360	850	1700
ジャーマン・シェパード	580	1200	3200	7200
グレート・デン	750	1700	5400	14000

犬種によって発育の速度も違います

子犬の成長アルバム
1・ウェルシュ・コーギ・ペンブローク

【生後２週間】
まだ母乳を飲んでいますが、目も開き、少しずつ母犬のお腹からはい出してヨチヨチ歩きを始めます

【生後３週間】
そろそろ離乳が始まります。排泄も自分でできるようになり、兄弟たちにも関心が向いてきます

【生後６週間】
見た目もだいぶ犬らしくなってきます。兄弟との遊びや人とのふれ合いなどを通して、たくさんのことを吸収する大切な時期です

3 ショー・ドッグを作りたい

純粋な犬を飼う目的の一つに、自分の理想とする犬を作りたいということがあります。人がペットを飼う理由にはいろいろありますが、珍しいもの、変わったもの、より形のいいものを持ちたいというのもそのひとつでしょう。動物が家畜化されると、形や色に野生時代にはない変化が起こりますが、これは、人間が珍しさを求めるためと考えられています。その代表が犬で、形や色に驚くほどの変化があります。当然それらの自慢大会が生まれます。

犬の展覧会は、イギリスなどではもともと家畜の品評会などと併せて開催されてきたようです。牛や豚の売買と一緒に、優秀な牧羊犬、猟犬なども売買されました。それらの犬をリングに上げて比べたとしても何の不思議もありません。そこでいい成績を修めれば高く売れたでしょうし、その子も人気が出たでしょう。当然、そこで親子関係を証明する血統書が必要になり、繁殖者が自分で手書きをして渡しました。やがて実用から離れて、姿形を競う展覧会が盛んになってきました。

スタンダードとブリーディング

犬にはその種類の理想的な姿を定めたスタンダード、犬種標準があり、その理想に添った犬が生まれるように交配されます。今人気のあるミニチュア・ダックスフントを例にとり、スタンダードを紹介しましょう。

まず、頭部を見てみます。鼻（鼻梁）は少し盛り上がっていますが、ストップ（鼻梁と額の段差）ははっきりしていません。歯の咬み合わせはシザースバイト（鋏状咬合）で力強いことが望まれます。目はアーモンド型、目じりはやや下がります。頭を上から見ると、鼻先へ向かってなだらかに細くなるのが理想です。耳の位置は高すぎず、低すぎず付いていなくてはいけません。長さは耳を前に伸ばした時、鼻先より前に出てはいけません。

と、こういった規定、標準があります。さらにもっと基本的なこと、スタンダード（サイズ）とミニチュアはどこが違うかということになりますが、日本は体重で分けていて同じ種類ということを示しています。

次に毛質と色について説明します。

毛色の基本は、レッド、ブラック&タン、ダップル、ブリンドル、チョコ&タンですが、最

右はスタンダード（犬種標準）を満たしたミニチュア・ダックスフント。左のスタンダード・ダックスフントは、サイズがひとまわり大きな同じ種類の犬です

近はココクリームがはやるなど、多くの表現があります。ブラック&タンやレッドは交配上問題はありませんが、ダップルやブリンドルなどは退色因子なので、交配相手を選ぶ時に細心の注意が必要です。

少しはスタンダードと交配の関係が理解いただけたでしょうか？

血統と交配

ほとんどの犬の種類は、その数代前に現在の犬の形を決めるほど影響力をもった1頭の犬がいます。その犬を中心に、そのグループでの交配を繰り返し、少しずつ良い形を作っていきます。同じ系統同士の交配ですから、これをラインブリーディングといいます。

血統書を見てください。父方母方共に先祖の名前が出ていて、展覧会で良い成績を収めた犬に

（上）ダックスフントは長胴短足の犬種で、筋肉はよく発達して引き締まっています。全体のバランスは非常によく、力強く堂々と頭をもたげています。スタンダードのスムース・ヘアード種
（下）スタンダードとミニチュアの二つのサイズがあります。ワイア・ヘアード種

ミニチュア・ダックスフントの代表的な毛色

さまざまな毛色のなかには、組み合わせによって健康上問題のある子犬が生まれるものも。犬種ごとの「避けるべき交配」に注意して、慎重に交配相手を決めましょう

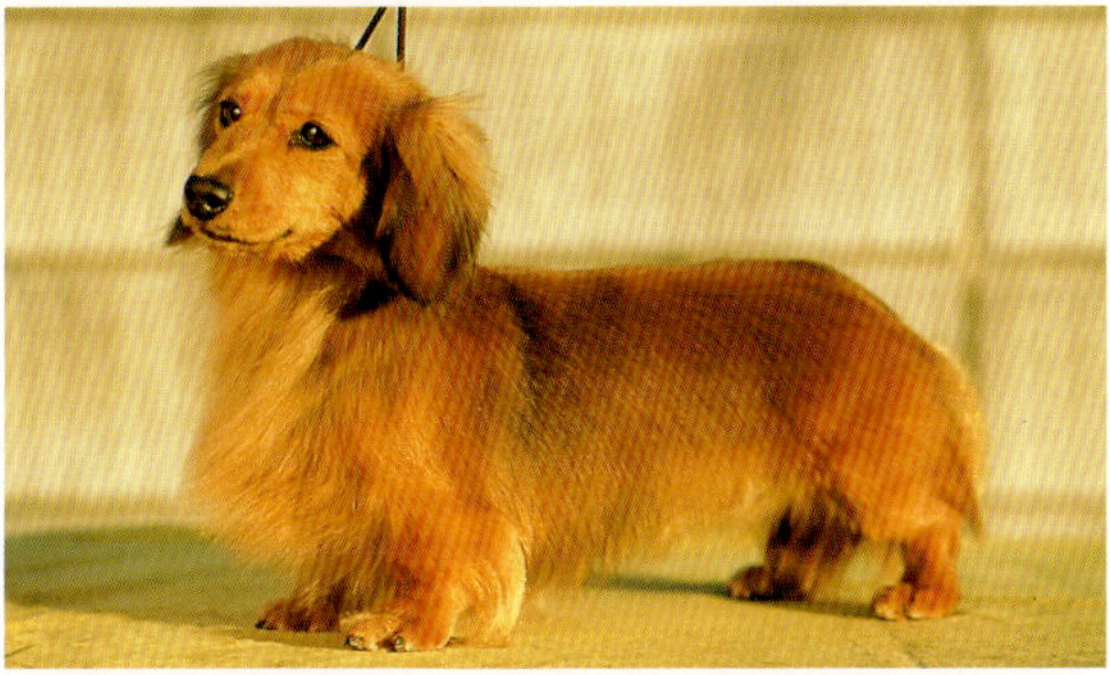
レッド

ブラック&タン

ダップル・シルバー

ブリンドル

はch、チャンピオンの称号が付いています。親の名前は、上に父親、下に母親が記載されています。したがって血統書の上に父親の先祖が並ぶことになります。これをメイルラインといいますが、このラインに一番多くのchのタイトルが見えます。メイルとは雄のことです。

一方、下には雌が並ぶフィーメイルラインができます。フィーメイルとは雌のことです。このラインにはchの称号はあまり並びません。このラインにchの称号が並べば素晴らしい血統の犬ということができます。

子犬におよぼす雄犬と雌犬の影響は、遺伝子的には半分半分ということになりますが、やはり雌犬の影響が強く出ます。し

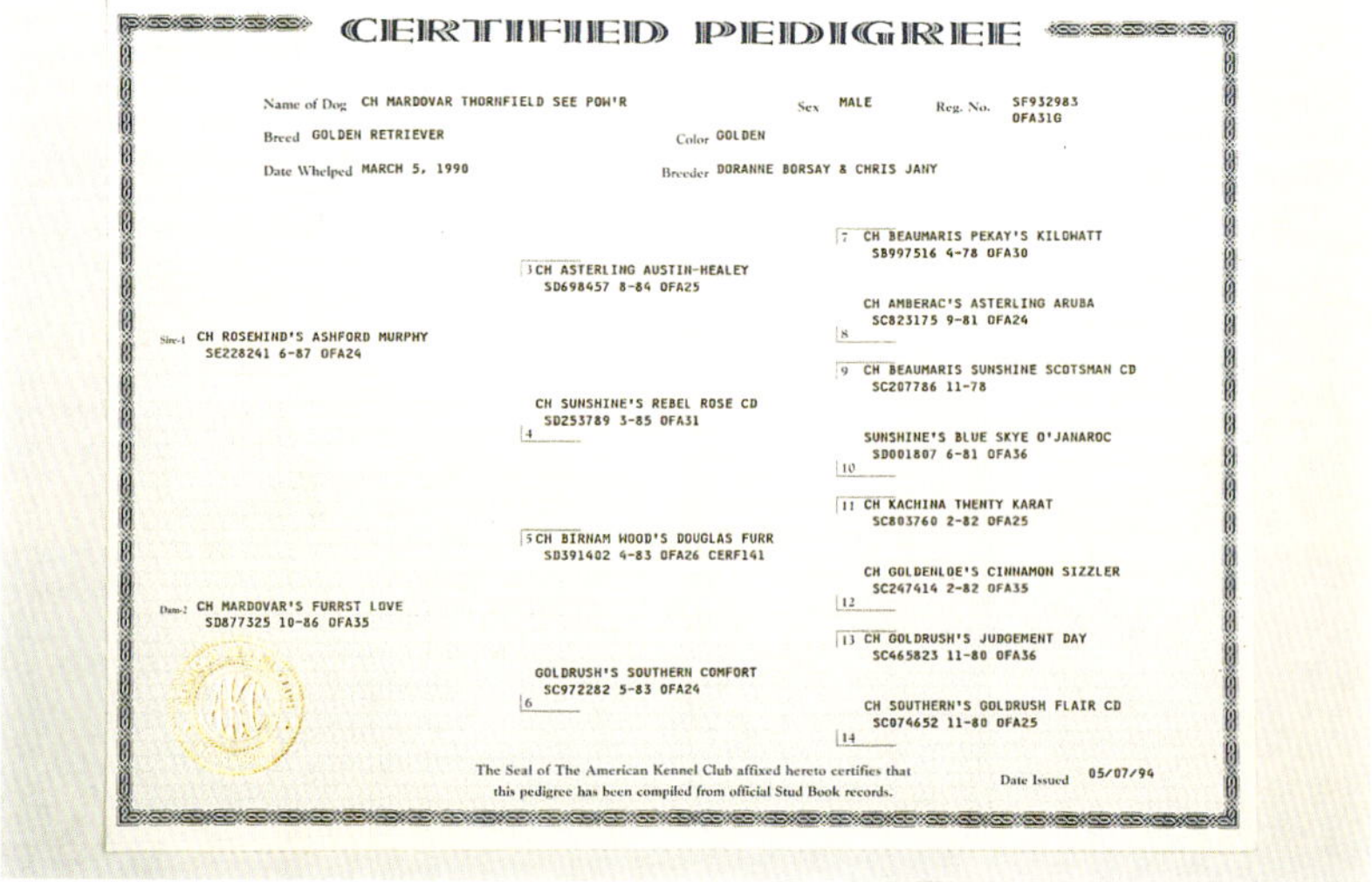

CERTIFIED PEDIGREE

Name of Dog CH MARDOVAR THORNFIELD SEE POW'R
Sex MALE
Reg. No. SF932983 OFA31G

Breed GOLDEN RETRIEVER
Color GOLDEN

Date Whelped MARCH 5, 1990
Breeder DORANNE BORSAY & CHRIS JANY

Sire-1 CH ROSEWIND'S ASHFORD MURPHY SE228241 6-87 OFA24

3 CH ASTERLING AUSTIN-HEALEY SD698457 8-84 OFA25

4 CH SUNSHINE'S REBEL ROSE CD SD253789 3-85 OFA31

7 CH BEAUMARIS PEKAY'S KILOWATT SB997516 4-78 OFA30

8 CH AMBERAC'S ASTERLING ARUBA SC823175 9-81 OFA24

9 CH BEAUMARIS SUNSHINE SCOTSMAN CD SC207786 11-78

10 SUNSHINE'S BLUE SKYE O'JANAROC SD001807 6-81 OFA36

Dam-2 CH MARDOVAR'S FURRST LOVE SD877325 10-86 OFA35

5 CH BIRNAM WOOD'S DOUGLAS FURR SD391402 4-83 OFA26 CERF141

6 GOLDRUSH'S SOUTHERN COMFORT SC972282 5-83 OFA24

11 CH KACHINA TWENTY KARAT SC803760 2-82 OFA25

12 CH GOLDENLOE'S CINNAMON SIZZLER SC247414 2-82 OFA35

13 CH GOLDRUSH'S JUDGEMENT DAY SC465823 11-80 OFA36

14 CH SOUTHERN'S GOLDRUSH FLAIR CD SC074652 11-80 OFA25

The Seal of The American Kennel Club affixed hereto certifies that this pedigree has been compiled from official Stud Book records.

Date Issued 05/07/94

実際の血統書。両親ともに先祖が表記されています

かし、雌犬はどんなに頑張っても半年に1回しか自分の子犬を残せませんが、雄犬は何回でも子犬を残すことができます。したがって、おのずと雄犬の方にchの称号が多くなるわけです。

次に、犬の名前を詳しく見てみましょう。最初に名前、そして後に犬舎号、姓にあたるものが付いています。そしてそこに何回か同じ犬舎号が見られることがあります。これがラインブリーディングです。

血統の離れているもの、関係のないものの交配をアウトブリーディングといいます。アウトブリーディングの場合、とんでもなく良い犬が出来ることもありますが、バラバラになるのが普通で、安定した姿の犬が生まれません。

ごく稀に同じ犬が数回血統書に出てくることがありますが、これは近親繁殖、インブリーディングがあったことを示しています。今の有名犬の先祖には必ずといっていいくらい、近親交配によって作られた犬たちがいます。一つのラインを作るためにインブリーディングがあると思っていいでしょう。

★ラインブリーディング

近親交配を避けた共通の血筋からなる犬同士の交配で、ショードッグを作る基本的な方法です。同じ血筋ですから似たような形をしていますが、その中で欠点をカバーするような交配の組み合わせを考えます。

★アウトブリーディング

血統的に離れた犬の交配です。当然形に違いがありますが、違った形の血を導入する場合に使います。違った血統ですから良し悪しは別にして予想外の結果が生まれることもあります。ま

展覧会、いわゆるドッグショーでは、最もその犬種らしい、またその犬種の理想に近い犬がチャンピオン犬として選ばれます

た良い結果が出たとしても、それが安定して出るわけではありません。そのため、アウトブリーディングで得られた良い形質を、ラインブリーディングで固定することがあります。

★インブリーディング

近親交配で、親子、兄弟など、かなり濃い交配の場合がありますが、多くの登録団体は禁止しています。血が濃くなりますから、良い方向に形が作られることもありますが、悪い部分が激しくなることもあります。ただ、親子間での交配で心配されているように、すぐに奇形の子犬が生まれるわけではありません。奇形率が高くなるだけです。

ブリーディング仲間

自分で理想とする犬を自分の持っている犬だけで作ることは、大きな犬舎でたくさんの犬を産ませ、子犬を分譲しない限り不可能です。動物愛護法では終生飼養が求められていますので、犬が15年生きるとしたら、生涯に飼える犬の数はそう多くはありません。少ないチャンスを生かすために、情報を集めるシステムを持っていなくてはなりません。普通は同じ系統、ラインをもっている人のグループで情報を交換しながら交配計画を立てます。

また、ショーで良い成績を収めても、必ずしも子出しが良い、つまり良い子犬が出来るというわけではありません。どんな子犬が生まれたかは、まめに展覧会に行ったり、情報交換をして調べます。交配相手は多くのブリーディング仲間とのコミュニケーションを通して選びます。独りでは良い犬は出来ません。

フライングディスクやアジリティー（障害物競争）など、犬種はもちろん、純血種、ミックス犬（雑種）を問わず参加できる楽しい競技会やイベントも増えてきました

4 子犬を育ててみたい

人の育児は一人だちさせ社会へ送り出すという大きな使命がありますが、犬の育児は多少社会化という課題があるにとしても、ぐっと気楽な子育てになります。しかも一年ばかりで成長しますから、時間的にも手間がかかりません。

子犬から育てる場合、いくつかの楽しみがあります。まず、出産から育児の世話、しつけや訓練、ゲームを教えて自分の理想とする犬に育てあげることなどが考えられます。もちろん、スタンダードに添った犬を作り、展覧会を楽しむこともできます。また、最近はたんに展覧会だけでなく、アジリティーやフライングディスク、さらにはソリ競技などの大会も盛んになってきました。競技会を通して新しい人や犬との出会いもあるようです。さらに、競技会に参加しなくても、ちょっとしたしつけや訓練をすることで、犬と泊まれるペンションやオートキャンプも利用でき、犬との生活がぐっと広がります。

出産から離乳期、幼犬期のかわいらしさと育てる楽しさに魅せられて、そのまま成長しなければいいと思う人は随分いると思います。

写真で記録する

デジカメで撮影、パソコンで記録して、葉書にプリントアウトなども日常のことになりました。デジカメが普及する一方で、どのカメラ教室も女性たちでいっぱいです。気楽に撮影するならでデジカメで、しかし、いい写真を撮るならアナログのカメ

子犬の成長アルバム
2・ジャック・ラッセル・テリア

誰にとっても愛犬は最高の被写体。とくに日々表情が変わってゆく子犬時代は、ぜひ記録しておきたいものです

【生後20日】
見た目にはまだ犬種の特徴ははっきり出ていませんが、テリアらしく元気に動き回ります

【生後40日】
好奇心いっぱいで、何でも噛んでみたい時期。社会化期と呼ばれるこの頃、母犬や兄弟犬、そして老若男女さまざまな人とのふれ合いが大切です

【生後6カ月】

まだいたずらや失敗はありますが、少し落ち着きも出てきます。この頃までに適切なしつけをしておけば、家族のすてきな一員となることでしょう

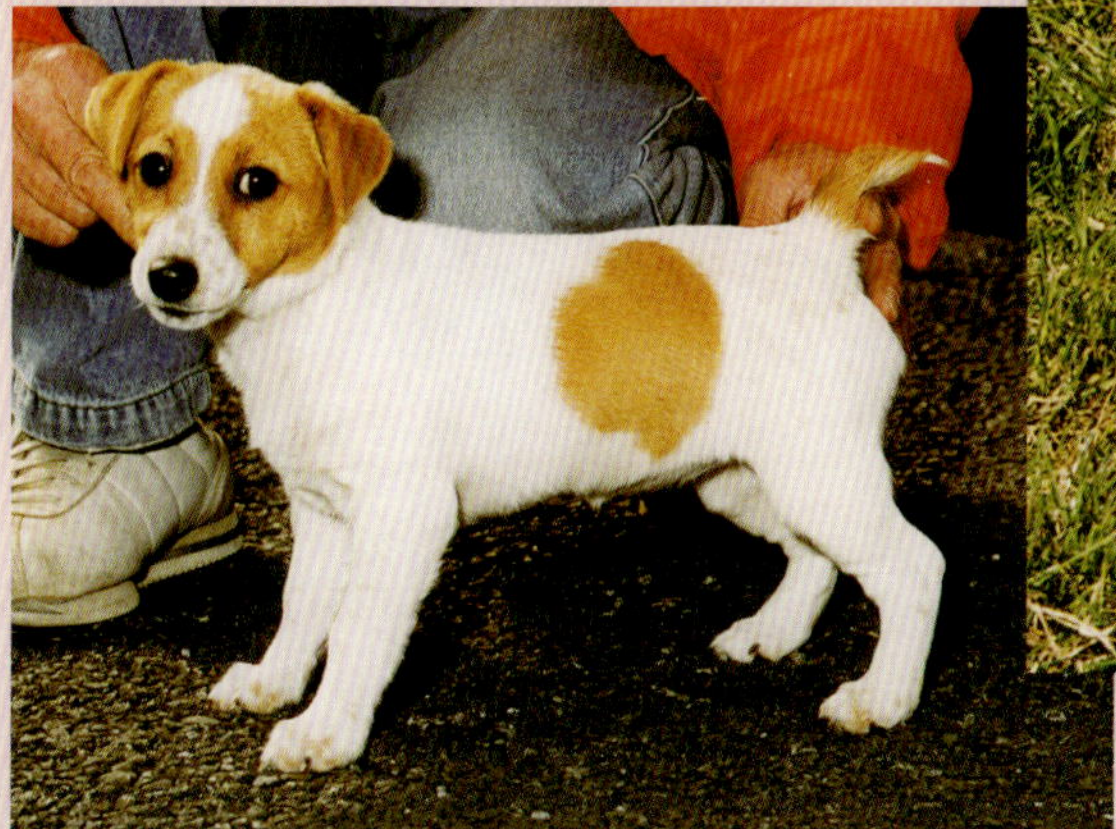

【生後4カ月】
体もしっかりとしてきて、まさにいたずら盛りに。母犬から自立して、飼い主との遊びも楽しむようになります

ラで、という時代のようです。

子犬の誕生から、その成長する過程は、ぜひ写真で記録しておきたいものですが、ただ撮るだけでなく、パソコンに取り込んでマイブックにしたり、カレンダーを作るのも楽しいものです。

フィルムも写真ブームの反映なのか、いろいろな色調や感度のフィルムが開発されています。子犬の記録撮影はどうしても室内が多く、感度の高いフィルムを使いたいものです。最近はＩＳＯ４００、８００のフィルムも簡単にどこでも入手できるようになりました。また、オートフォーカスで、子犬の激しい動きを追うこともできます。

オートフォーカスのもう一つの特徴は、床の上の小さな子犬もファインダーをのぞくことなくピントを合わせられることです。床の上にカメラを置き、オートで子犬を撮ると、驚くほど生き生きとした子犬の動きが写し出されます。ただし、いつもオートにしていると、マニュアルの便利さを忘れてしまいます。場合によってはオートよりマニュアルの方が素早くピントを会わせることができるのです。

出産から手放すまで

子犬を産ませた人のほとんどは、「ほんとうは生まれた子犬を手放したくない」と思っています。

しかし、すべての子犬を生涯飼い続けることは不可能で、いずれ子犬離れの時がきます。子犬離れの時期と方法は、出産の前から考えておく必要があります。無計画な出産は、生まれた子犬を不幸にすることがあります。

子犬を手放す先は、知人、近くのペットショップ、古くは張り紙などがありますが、今ではインターネットで探す人もいます。しかし、前にも触れましたが、繁殖者から直接新しい飼い主に手渡すのが理想です。ペットショップに頼む場合でも、分譲価格に少し工夫して手数料を取り決める、またはペットショップへの分譲価格のみに触れるなどといった方法も検討してはどうでしょうか。

また、大型犬と小型犬では子犬離れの時期が変わってきます。大型犬では子育ての大変さから早めに手放すことが多いのですが、出産頭数が多いため、引き受け先を探すのも楽ではありません。ペットショップなどに頼らずに、新しい飼い主を探すのは大変です。

CHAPTER 2

天野　三幸

交配と妊娠

1 発情と交配の時期

家族の一員として犬を飼育し始めると、子犬を産ませたいと思う気持ちが湧いてくることが往々にしてあると思います。とくに最近では、核家族化が進み、伴侶動物としての認識が高くなり、子犬を産ませたいという希望も高まりつつあります。この章で、交配と妊娠について正しい知識を得て、よい子犬を出産させ、犬との生活を楽しんでいただきたいと思います。

最初の発情

雌犬が成長し、性成熟に達すると発情徴候を示し、交配（雄犬が雌犬にマウントする行動）可能な状態になります。最初の発情が見られる時期は、小型犬で7カ月～9カ月、大型犬でも1年以内です。個体差がありますので、同じ犬種、体重においてもバラつきが見られます。

発情期は、小型犬や中型犬では、年2回周期的に巡ってきますが、大型犬では年1回の場合もあり、また、不規則なことも珍しくありません。

「最初の発情で交配してよいのでしょうか」という質問を受けることがよくあります。当然、妊娠、出産は可能ですが、一般的に見送った方がよいでしょう。まだ体が充分発育しておらず、2回目の発情まで待ったほうが無難です。

雄犬は、性成熟に達すると睾丸において精子形成が完全となり、副生殖器（前立腺、精巣上体、精管など）の発育とともに性欲が表れ、交配が可能な状態になります。

睾丸は胎生期に腹腔で作られ、出生時あるいは出生後、陰嚢に降下してきます。6カ月以上になれば、個体差がありますが、大多数の雄犬では、よく発達した睾丸が二つ、陰嚢内に確認できます。中には片側、あるいは両側とも睾丸が確認できない停留睾丸（腹腔および鼠蹊部に睾丸が留まっている）という疾患がありますが、この疾患は遺伝的素因を持ち、繁殖には向かないので注意が必要です。

雄は、平均的には9カ月で性成熟に達しますが、早熟な雄犬は6カ月～7カ月で繁殖可能なものもいます。この時期の精液量、精子数は、成犬と比較するとまだ少ないのですが、1歳ぐらいになると平均的な量になります。通常、雄犬は雌犬よりも少し遅れて性成熟に達します。

交配の前にしておくこと

最初の発情は大型犬でも1年以内に訪れますが、1回目は交配を見送った方が良いでしょう。9カ月を迎えた雌のジャック・ラッセル・テリア

★ワクチン接種

交配の前にしておかなければならないことがあります。生まれてくる子犬や交配相手のために、ワクチン接種を必ずしておくことです。雌犬自身の感染症に対する免疫を持たせるとともに、初乳を子犬に飲ませることによって移行免疫が子犬にもたらされるのです。

★寄生虫の駆除

妊娠中に、胎盤を介して胎児に腸内寄生虫を感染させる危険がありますから、腸内奇生虫の駆除も重要です。さらに外部寄生虫（ノミ、ダニ）の駆除も済ませておきましょう。かかりつけの動物病院で事前に健康診断を受け、余裕を持って交配に望んでください。

★遺伝性疾患の有無や血統の確認

遺伝性疾患については、前述した停留睾丸を挙げましたが、他に先天性白内障、網膜萎縮、眼瞼外反症および内反症、水頭症、口蓋裂、心臓奇形、動脈管開存症、血友病、てんかん、股関節形成不全などが挙げられます。それぞれの疾患についてはここでは省きますので、後述の章（第9章『遺伝性疾患の管理』）を参照してください。遺伝性疾患の防止のために、このような疾患が発症した場合は、繁殖には絶対に使用しないでください。交配の前に飼い主同士が、遺伝性疾患の有無や血統について確認し合うことが必要だと思います。

★交配当日の段取り

交配は、雄犬の所有者宅で行なわれるのが一般的です。これは、環境などが変わるとデリケートな雄犬は、うまくマウントすることができなくなることがあるからです。遠方の場合もありますので、当日は、体調に充

生まれてくる子犬のためにも、交配の前に必ずワクチン接種を受けておきましょう

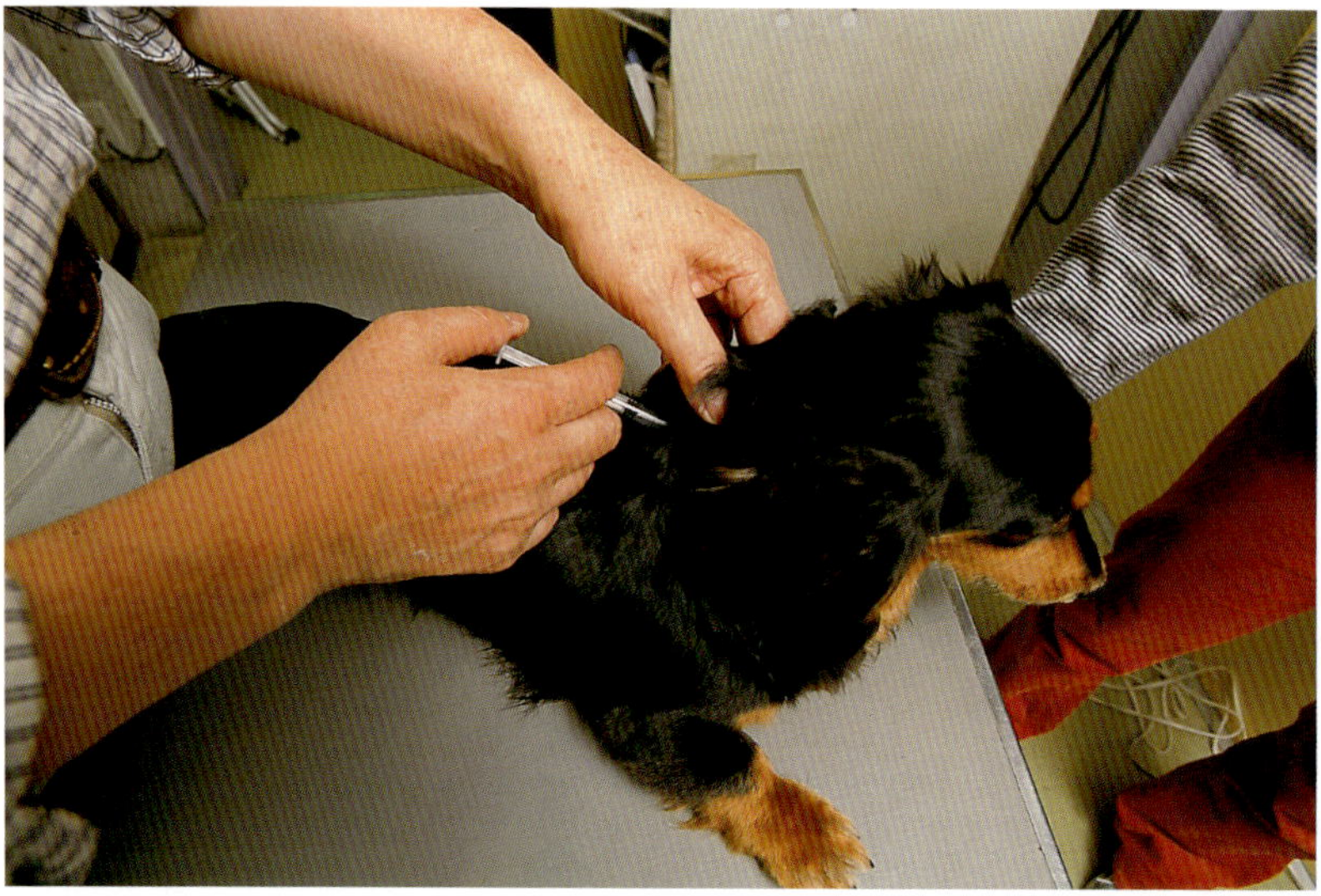

分気をつけ、グルーミングや排尿、排便を済ませておきます。車などで移動する場合、とくに車酔いをする雌犬には、朝食は食べさせない方がよいと思います。よだれや吐物で体や周囲を汚さないためです。相手の家に到着後、雌犬も緊張しますので、交配前に家の周りを歩かせもう一度排尿、排便を済ませ、リラックスして交配に望んでください。

★コートの手入れ

長毛犬種では、外陰部や尾根部の被毛が交配時の妨げになりますので、はさみやバリカンなどで周囲を事前にカットしておいた方がよいでしょう。カットできない場合は、ラッピング（短く束ねる）しておきます。これは今後、もし妊娠して出産を迎えるときも、破水や出産後の悪露などで外陰部周辺が不潔になりやすく、さっぱりとしたほうが、衛生上よいと思われるからです。

交配相手を探す

発情がきたからといって、すぐに交配して子犬を産ませようと思っても、相手がいることですから簡単にはいきません。散歩中に仲良くなった雄犬を、種雄として前もって予約しておくこともできますが、交配経験のない雄犬では交配がスムーズに行なわれるとは限りません。子犬は両親の遺伝子を受け継ぎますので、より良い子犬を産ませるには、性格、体格、血統などを充分考慮に入れ、交配経験のある種雄を選ぶことをお勧めします。経験のある種雄でしたら、迷わずマウントして目的を果たすことができるからです。

相手の探し方は、雌犬を購入したペットショップやブリーダー（繁殖家）から種雄を紹介し

交配当日は、グルーミングやトイレを済ませてから「お婿さん」の家へ

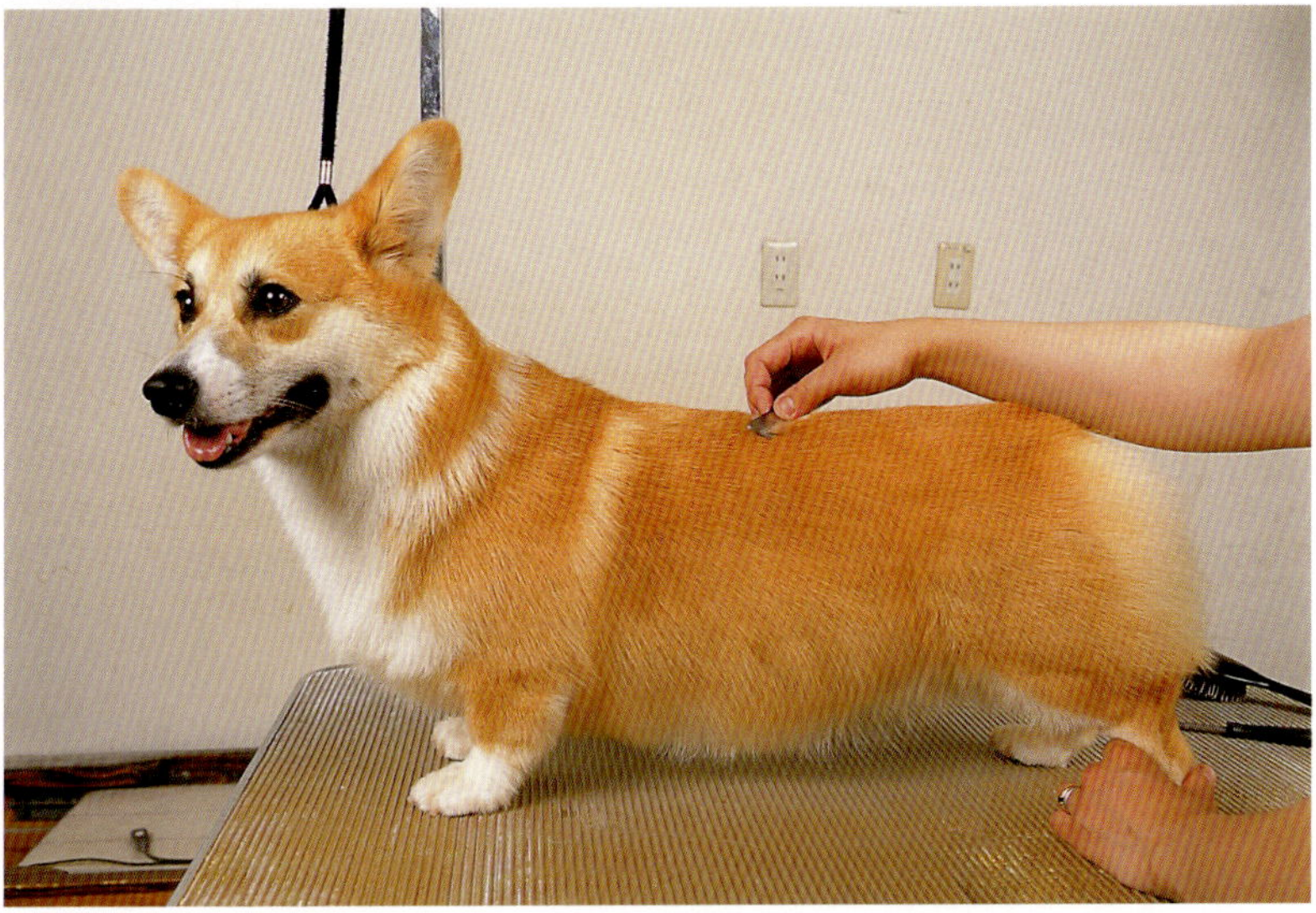

てもらうのがよいでしょう。月刊誌『愛犬の友』などの犬の専門雑誌の広告欄に、写真入りで種雄が掲載されていますので、気に入った種雄がいれば交渉することも可能です。また、各犬種団体に連絡して傘下のクラブを紹介してもらうこともできます。

最近ではインターネットの普及から、ネットで交配相手の情報を簡単に手に入れることができるようになり、利用している飼い主も多く見うけられます。散歩中に仲良くなった犬仲間の情報も役に立つこともあります。

前述しましたが、雌犬に発情が来てから種雄を探すのでは遅く、以前から種雄の飼い主に連絡を入れておき、発情が始まったら交配の予約をします。とくに最近では、甘やかされて飼育されている犬が多いため、他の犬との接触がなく、人間にしか興味を示さないこともあり、交配がうまく行なえないこともあります。そのため、可能であれば、種雄と事前に遊ばせるなどして、相性や関心度を確認しておく必要があります。

交配の取り決め

交配を予約する時に、種雄の所有者と確認しておかなければならないことがいくつかあります。一番大事な問題は交配料です。チャンピオン犬や海外から種雄として入れた場合は、交配料はそれなりに高くつきます。また、交配料を現金で払う方法と、生まれてくる子犬のうち、一番良い子犬を交配料の代わりに渡す（子返し）方法がありますが、出産頭数の少ない小型犬では、一頭の場合もあり、子返しでは問題が生じることもあります。

生まれてくる子犬の血統書を

生まれてくる子犬のうち一番良い子犬を、交配料の代わりとして種雄の所有者に渡す場合もあります

作成するために、交配証明書が必要になりますので、必ず種雄所有者からもらっておいてください。子犬の血統書作成については後述の章（第7章『登録』）で参照してください。

　さらに不妊に終わった場合、再交配を無料でお願いできるかどうかも、種雄所有者と話し合っておかなければなりません。また、交配の回数も1回交配と2回交配がありますので、前もって確認しておく必要があります。トラブルを避けるためにも、一人で交渉しないで、種雄の選び方や交配料の相場について、交配させた経験のある人に相談するのもよいでしょう。

発情がきたら

　犬の発情徴候は、まず外陰部からの出血です。そして、次第に外陰部が腫大し、いちぢくのような状態になります。出血の量は犬によって個体差があり、無出血の場合も、床を血液で汚してしまうこともあります。出血量が少なく自分で舐めることによって、無出血の状態にしてしまうことがありますが、このような例では、交配適期を見つけることが難しくなります。

　その他の特徴としては、今まで雄犬に興味を示さなかった雌犬が、興味を示すようになったり、尿の回数が増加して落ち着かなくなるということがあります。ただし、雌犬に見られる泌尿器疾患の膀胱炎でも、血尿や頻尿の症状が発現しますので間違えないようにしてください。発情によって血尿が出ることはなく、尿自体は正常尿です。外陰部の腫脹も見られますので、膀胱炎と明らかに鑑別できます。発情出血かどうか不明の場合は、一度かかりつけの動物病院で診察を受けることをお勧めします。

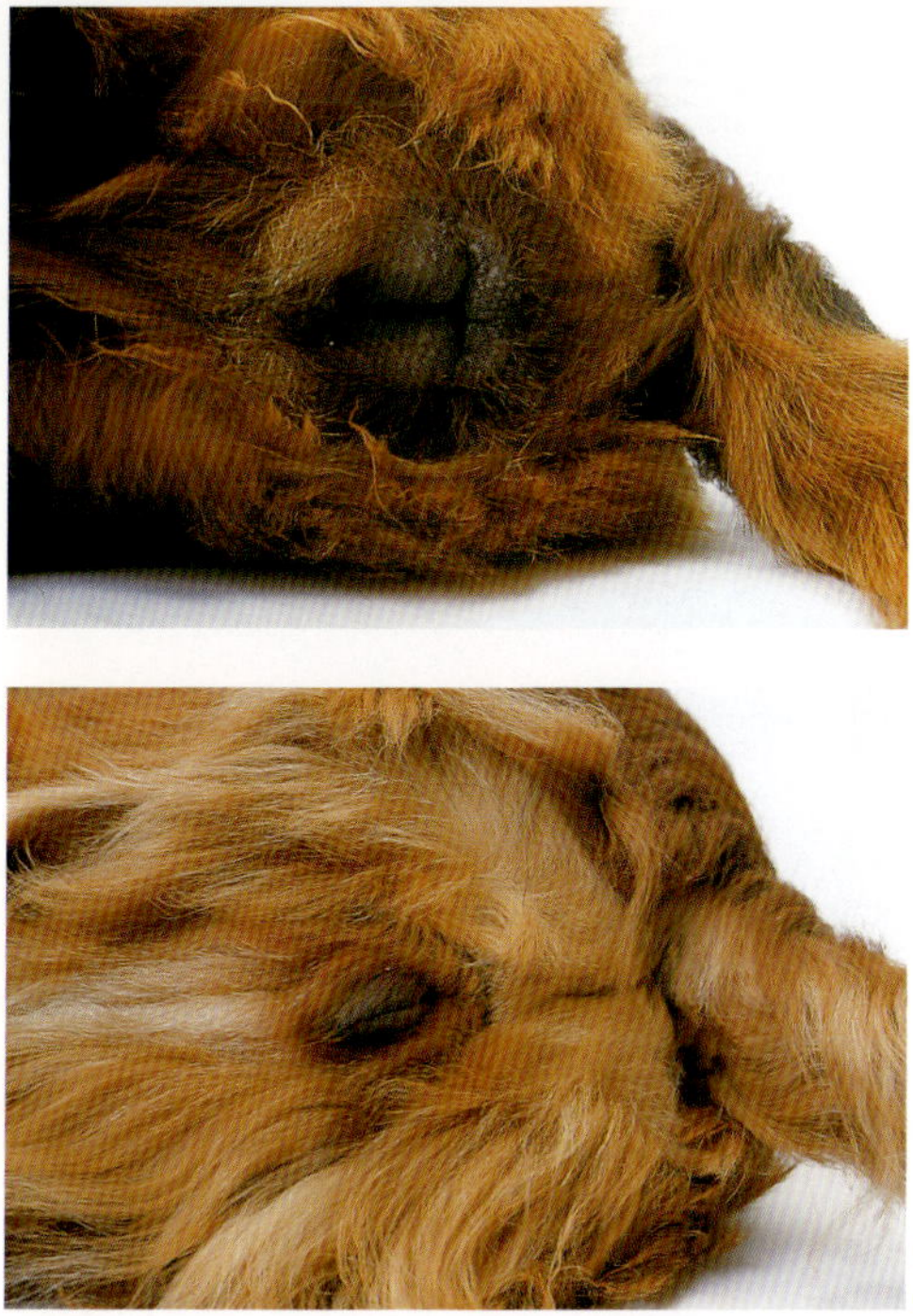

雌の外陰部・発情期（上）と通常（下）。発情徴候として、出血とともに外陰部が次第に肥大します

このような発情徴候が表れたら、交配相手と連絡をとり交配日を予約します。

雌犬の性周期

雌犬の性周期は、発情前期、発情期、発情休止期（発情後期）、無発情期に区分され、だいたい6カ月～9カ月の間隔で繰り返されます。一般的に発情後期を過ぎて次の発情前期までを発情休止期といいますが、犬のような単発情性動物（発情をくりかえさない動物）ではこの期間を無発情期と呼んでいます。

前述したように、犬によっては1年に1回しか発情がこない例もあり、また不規則になることも珍しくありません。また、肥満している雌犬は、発情徴候がわかりにくく、発情周期も不規則で発情が来ない時もあります。交配前に減量することを心がけてください。

【発情前期】

発情休止期から発情期に移行する間の時期で、出血の開始から雄犬に交尾を許容する（許す）までです。持続日数が約9日あります。

卵巣の卵胞が発育して、卵胞壁から卵胞ホルモンが分泌され、この影響でいろいろな発情徴候が現われます。発情徴候として外陰部が腫大し、陰部より血液を含んだ粘液が見られます。が、この段階では雄犬が交尾しようと思っても拒否します。卵胞は排卵が起きるまで大きくなり、卵胞ホルモンの分泌も増加し、発情期へと移行します。

【発情期】

発情が絶頂期にあり、雄犬に交尾を許容する時期です。発情期の持続日数は約11日です。発情期の徴候として、雄犬に自ら関心を示し、外陰部の匂いをかがせるようになります。そして、

古代犬とも呼ばれるバセンジーは、年一回
しか発情しないといわれています

尾を真横に曲げ、立位の姿勢でふんばり、雄犬を受け入れます。

飼い主が指などで外陰部周辺を刺激すると、同じように尾を真横に曲げる動作をします。卵巣に卵胞が成熟し、許容後2～3日で排卵します。排卵した後に黄体が形成され、卵胞ホルモンが減少し、代わりに黄体ホルモンが分泌されます。この黄体ホルモンは、妊娠の持続、受精卵の着床（受精卵が子宮壁に付着して母体より栄養を受けること）、乳腺の発育に直接関係しています。

【発情休止期（発情後期）】

発情期に続く時期で、雄犬を許容しなくなった日から2カ月～3カ月間です。

交配して妊娠していれば、妊娠の継続、胎児の発育などに関係してくる大事な時期です。妊娠して黄体機能が正常に機能している場合は、卵胞の発育は阻

雌犬の発情周期

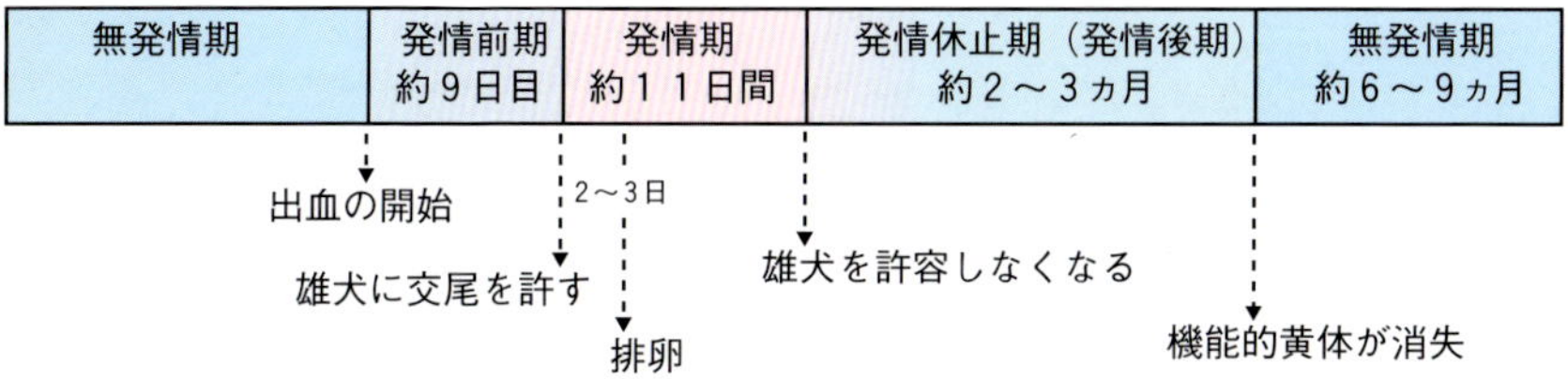

止され、発情も起こりません。不妊の場合でも黄体機能は存続し相当長期間残っています。

そして不妊のこの時期に、乳腺の発育、乳汁の分泌、巣作り行動（床を前肢でかき、ボロ布や新聞紙などを集めること）など、妊娠の徴候と同様な症状が起きることがあります。これは偽妊娠と呼ばれ、交配しなくても起こることがあります。偽妊娠については後述を参照してください。

【無発情期】

発情休止期を過ぎてから、機能的黄体が消失し、次の発情前期までの時期をいいます。この時期の卵巣は非活動的で、発育する卵胞もなく、次の発情まで数カ月間この状態が続きます。やがて、次の発情期が近づいてくると卵胞が徐々に発育してきて、再び発情前期を迎えることになります。

交配の時期

雌犬の排卵時期は、雄犬の許容開始後2日〜3日です。排卵は左右の卵巣から同時に起こります。排卵時の卵子は第一卵母細胞で、排卵後2日〜3日で卵管内で成熟して第二卵母細胞になり、受精能力を獲得します。卵子の受精能力の保有時間は4日〜5日です。精子は交配後5日間受精能力があります。卵管内に侵入してきた精子は、ここで成熟して下降してきた卵子と出会い、受精が行なわれます。そして、受精卵となって子宮内に降下し、子宮内膜に着床して母体から栄養を受けるわけです。受精卵の着床時期は、交配後18日〜24日です。

交配の適した時期は、前述のように、許容後2日〜3日で排卵が起こり、その2日〜3日後に受精能力を獲得しますので、

雌の生殖器系

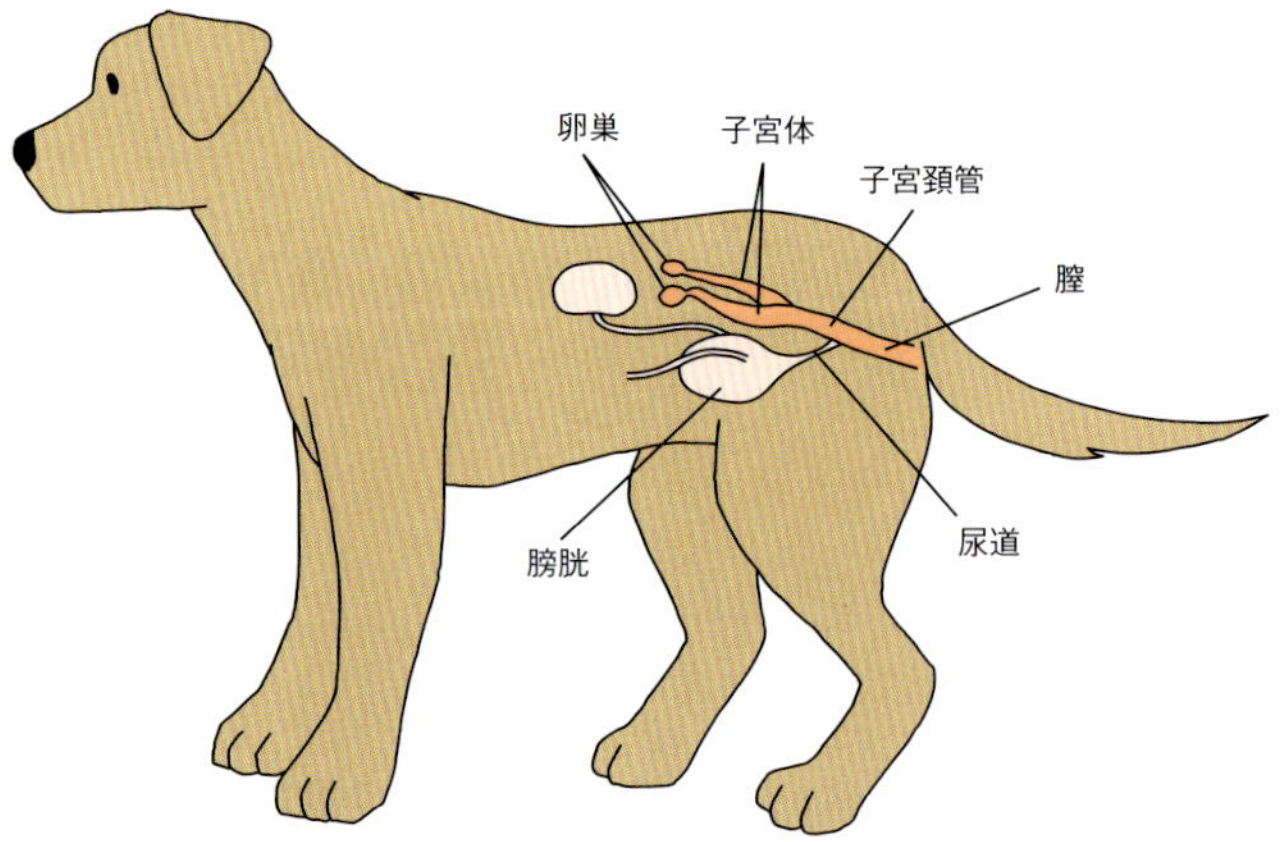

雄の生殖器系

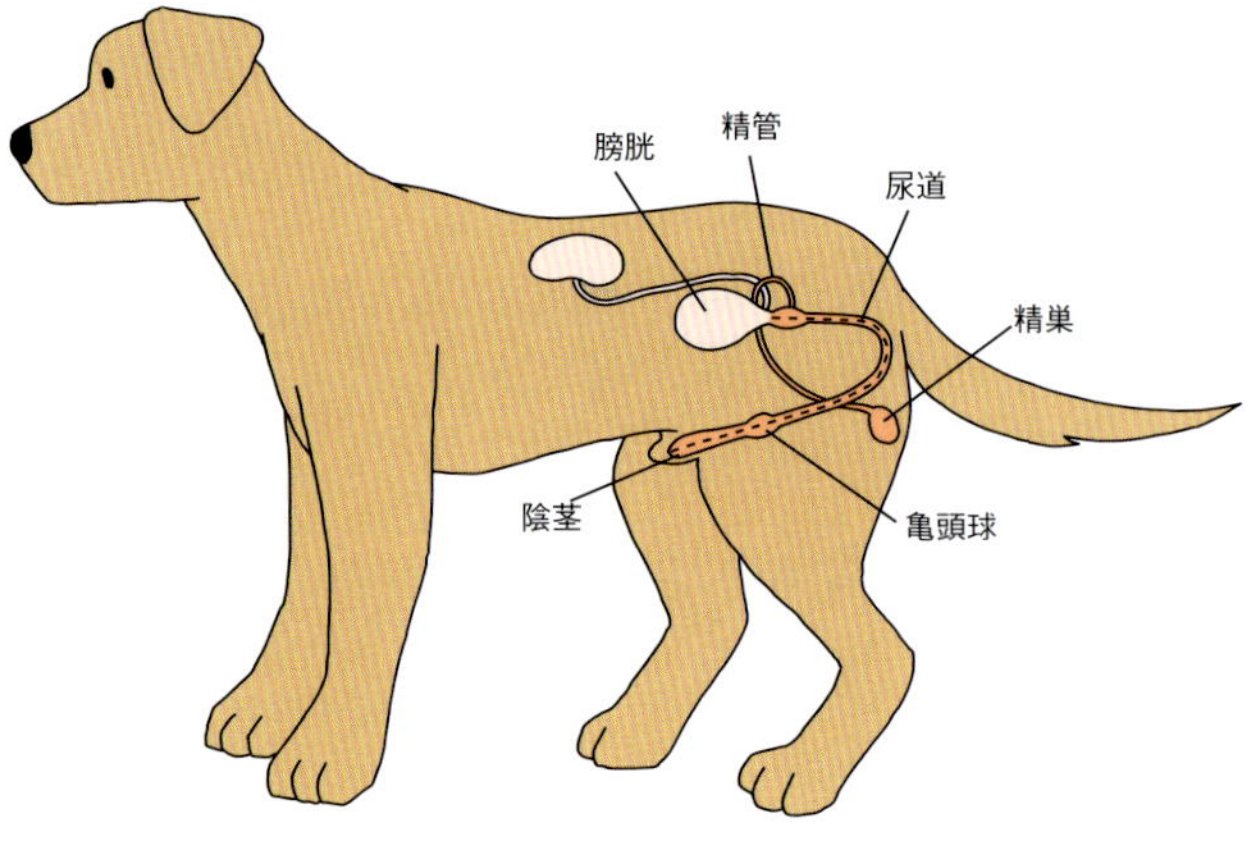

保有時間を考えると許容後4日~7日が適期です。発情出血を基準にしますと、出血が始まってから12日~14日が適期となります。

理論上の交配適期は前述のごとくですが、すべての犬が正常な発情徴候を示すとは限らず、また、犬種によって個体差がありますので、現実にはかなり難しいこともあります。ですから、発情出血を基準とするよりも、むしろ雄犬の許容を基準としたほうが確実だと思います。

また、妊娠の確立を高めるために、2回交配を行なうのも賢明な方法です。この方法ですと、1回目の交配は発情出血後12日目に、2回目の交配は14日に行なえばよいでしょう。雄犬の所有者に、前もって2回交配を予約することを忘れないようにしてください。

その他に交配時期を確定する

方法として、スメア検査（細胞診）やホルモン測定などがあります。

スメア検査

発情中の雌犬の膣分泌物成分をスライドグラスに載せ、染色して顕微鏡下で検査する方法です。発情周期によってその性状（上皮細胞、赤血球、白血球など）が定期的に変化し、交配時期の推定をすることができます。

以上のように膣の分泌物を検査することによって発情前期、発情期、発情後期の時期をだいたい予測することができますが、この検査だけで交配の時期を決定することは困難です。他の発情徴候と合わせることによって、正確な時期を予測することができると思います。この検査は、かかりつけの動物病院などで実施していますのでご相談ください。ホルモン測定は、排卵に関係している黄体ホルモンを測定する方法ですが、まだ一般的ではなく、大学などの研究機関で実施されています。

交配の実際

まず、交配を行う場所は、失敗を防ぐために滑らないような床にしてください。経験のある種雄なら自然に交配できますが、未経験の種雄だと交配するまでに時間がかかります。このような雄犬は、求愛行動として雌犬の外陰部の匂いを嗅いだり、舐めたりします。雌犬は雄犬の行動に対して後躯を雄犬に向け、尾を真横にし雄犬を受け入れる姿勢をとります。

初めての経験や、甘やかされて育って人間以外に興味を示さない雌犬は、逃げ回ってうまくいかないことがあります。また興奮してかみつく雌犬には、口輪が必要なこともあります。時間がかかる場合は、交配を容易にするために、飼い主が雌犬を保定してください。体格の違う犬同士の交配の場合は段差を利用して行なうとうまくいきます。

雄犬は、雌犬の背後からマウントし、前肢で雌犬のわき腹を挟んで、ペニスを膣内に挿入し、腰を動かし後趾を足踏みします。勃起によって亀頭球（ペニスの基部にある輪状の部分）が腫大し、ペニスが膣から抜けないようになります。

精液は3層からなり、ペニスの挿入直後に射精される第1層には精子は余り含まれていません。第2層は精子を大量に含んでおり、腰を動かし突くような動作の時に射精されます。第3層は前立腺から出る液体で、精子の運搬に重要な役目をしています。第2層の射精が終了すると、雄犬は、マウントを終えて

【発情前期のスメア】

赤血球は前半に多数出現しますが、後半には減少します。白血球は次第に減少して後半には消失します。有核上皮細胞は減少し、後半には消失します。代わりに角化上皮細胞（有核上皮細胞と異なり、細胞が角張っている）が徐々に増加してきます。

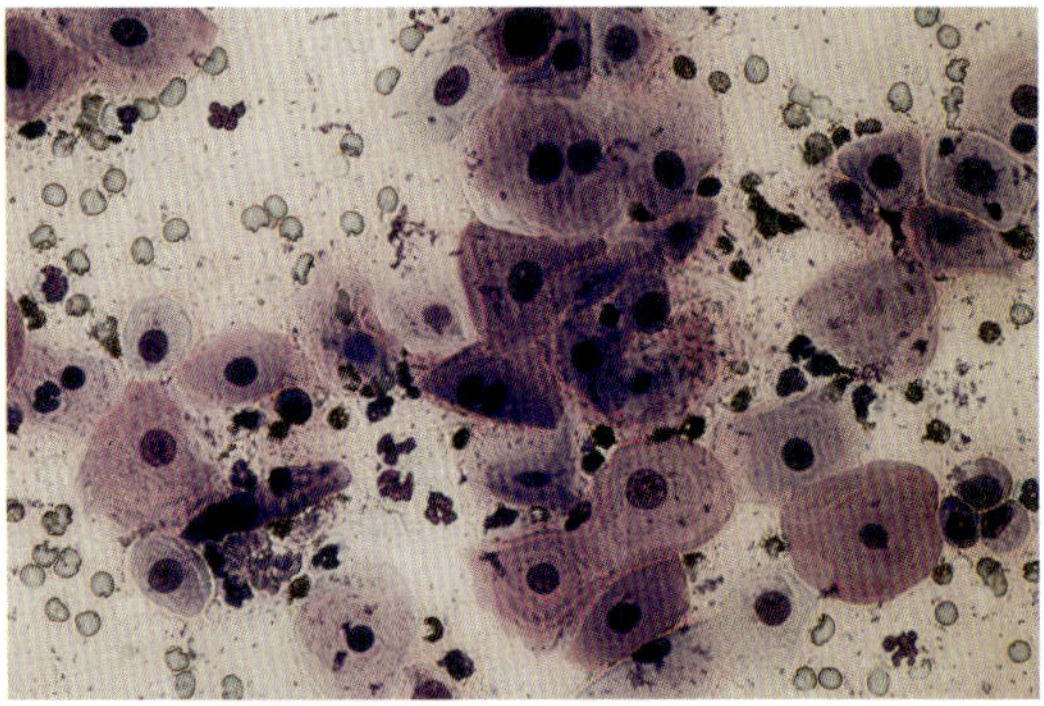

【発情期のスメア】

赤血球は少数認められるか消失します。白血球と有核上皮細胞は、後半に出現し始めます。角化上皮細胞は持続して出現します。

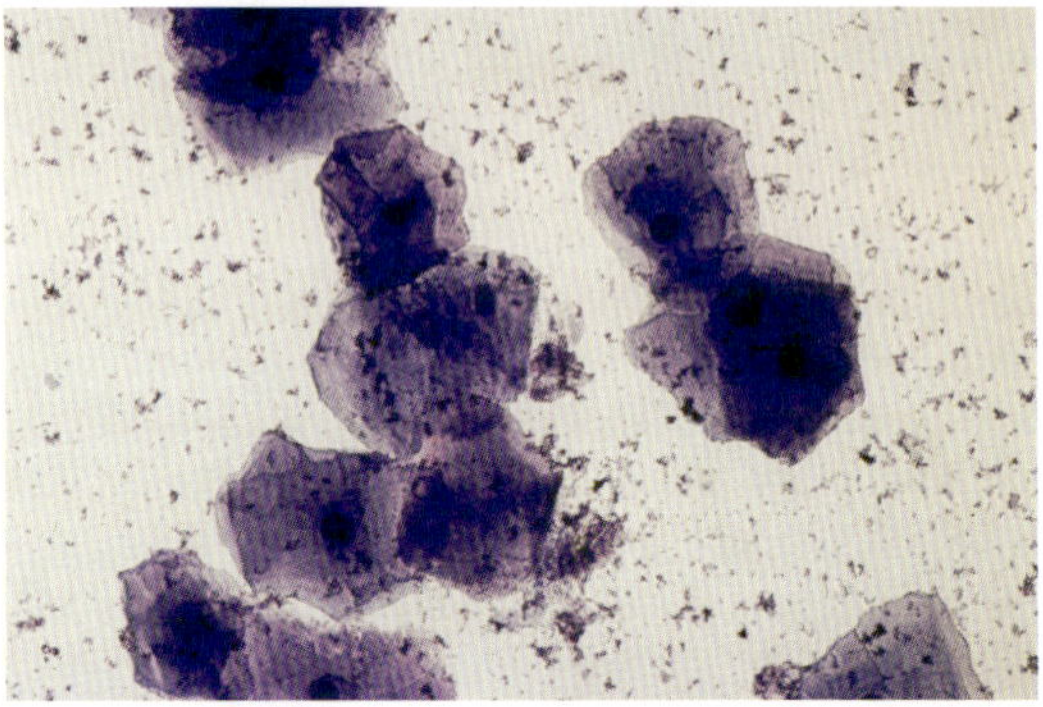

【発情終了後のスメア】

白血球が徐々に増加してきます。角化上皮細胞が減少して、有核上皮細胞が出現します。

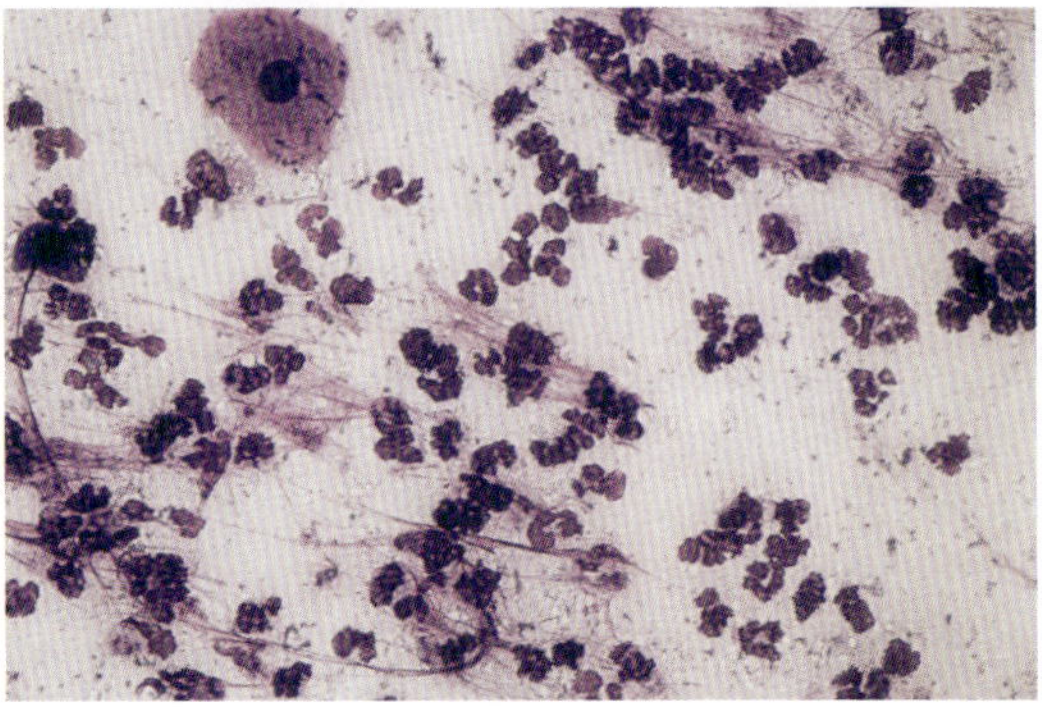

【排卵後30日の正常な胎児】

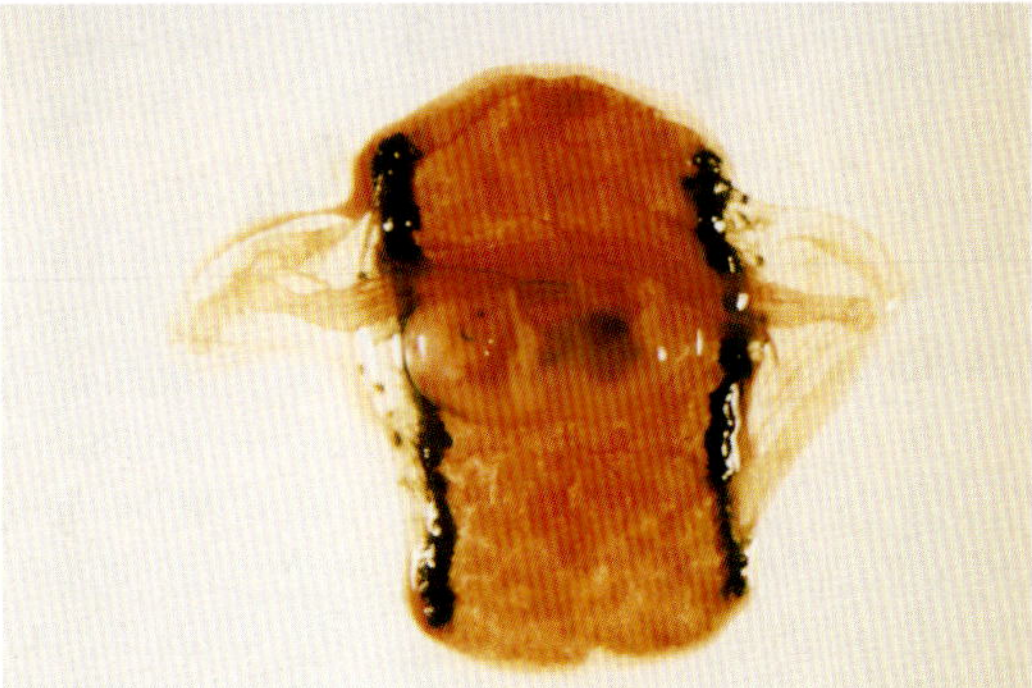

●写真提供／日本獣医畜産大学獣医臨床繁殖学教室

発情期を迎えた雌犬は、雄の求愛行動に対し、
尾を横にして受け入れのポーズを示します

雌犬をまたいで向きを変え、お互いの後躯を合わせた体位になり第3層が射精されます。

この連結状態は、個体差によりますが10分〜30分続きます。この間、離れようと雌犬は試みますが、なかなか離れることができません。ペニスが収縮することにより2頭は離れ、交配は終了します。膣より第3層の液があふれ出る場合がありますが、これは前立腺から出た液体なので心配いりません。

2 妊娠徴候

妊娠の初期は、まだはっきり徴候が現われてきませんが、後期に入るといろいろな徴候が出てきます。

出産間近のウェルシュ・コーギ・ペンブローク。床に付きそうなほど大きなお腹に

このゴールデン・リトリーバーの大きなお腹には、たくさんの子犬が入っていることでしょう

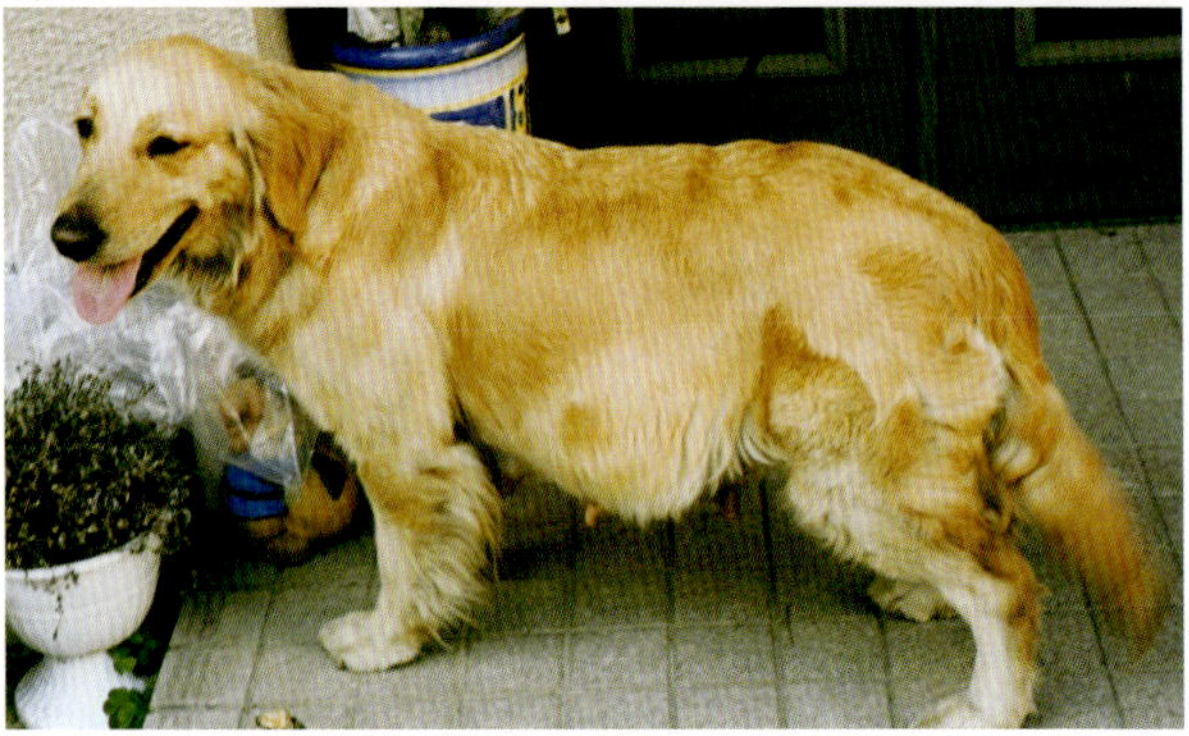

食欲

妊娠初期にはそれまでと変わらない食欲ですが、後期に入ると食欲が増加してきます。子宮の膨らみによる腹部の増大が目立ってきて、胃を圧迫しますので、数回に分けた食事を計画しましょう。出産日が間近になると、ソワソワしだして出産に備えるため食欲が無くなりますが、出産後はまた食欲が出てきます。受精卵の着床時期（18日～24日）は、「つわり」の症状を示し、食欲の減退や嘔吐が続くこともありますが、これは一時的なもので自然と回復してきます。この時期の症状が激しい場合は、かかりつけの動物病院で診察を受けてください。

腹部の変化

妊娠初期は変化がありませんが、中期から後期にかけて腹部

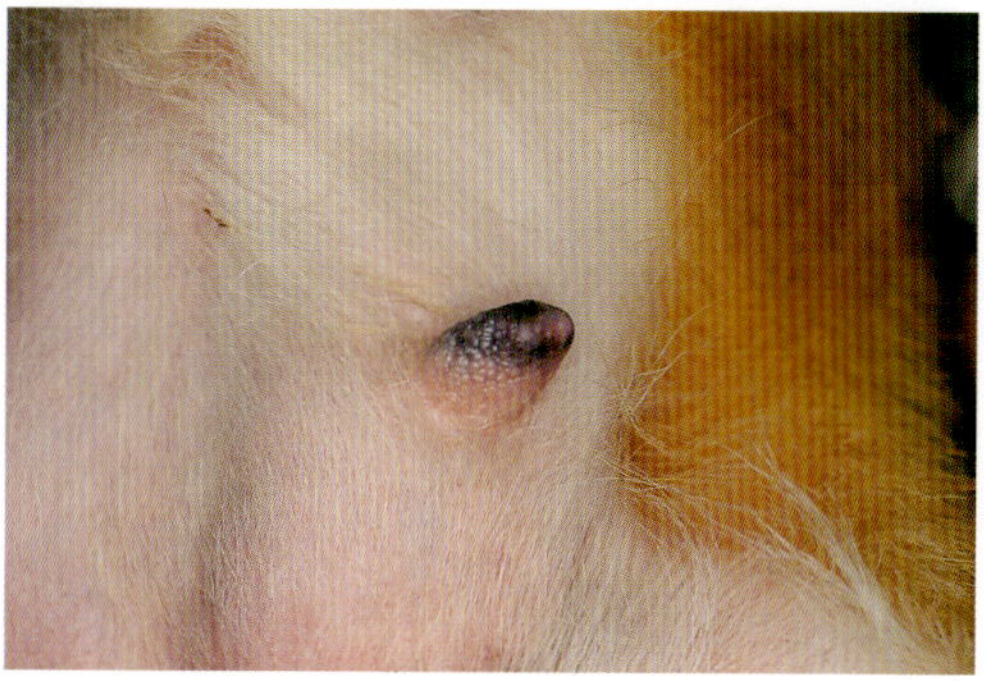

妊娠後期になると乳頭もピンク色に変化し大きくなります

の増大が顕著になります。後期になると乳腺の発育が目立つようになり、乳頭もピンク色に変わって大きくなり、乳腺を絞ると乳汁が分泌してきます。

行動

妊娠初期には行動の変化はあまり認められませんが、後期になると腹部の増大のため、動作が緩慢になります。

出産日が近づくにつれ、子宮の膨らみが原因で膀胱や直腸を圧迫し、排尿回数が増え、また便秘気味になります。産室を用意すると、前肢で床を掘るような行動（巣作り行動）をします。出産当日になると、不安そうに飼い主を見たり、ウロウロして情緒不安定になり、産室を出たり入ったりします。

体重の増加

交配後、毎日体重を測定してください。妊娠初期は余り変化はありませんが、中期から後期にかけて徐々に増加し、出産間近になるとピークに達します。例外として、体重があまり変化せず、妊娠の可能性を否定しているように見えるケースも起こり得ます。

3 妊娠の確認

妊娠を確認する方法は、腹部の触診、X線検査、超音波検査、聴診などです。妊娠初期の受精卵が子宮に着床した頃は、確認不可能です。個体差にもよりますが、妊娠1カ月前後に腹部の触診で確認することができます。35日を過ぎると胎水が増加し、子宮が柔らかくなり、腹腔内の腸管などの臓器との鑑別が難しくなります。

触診の方法

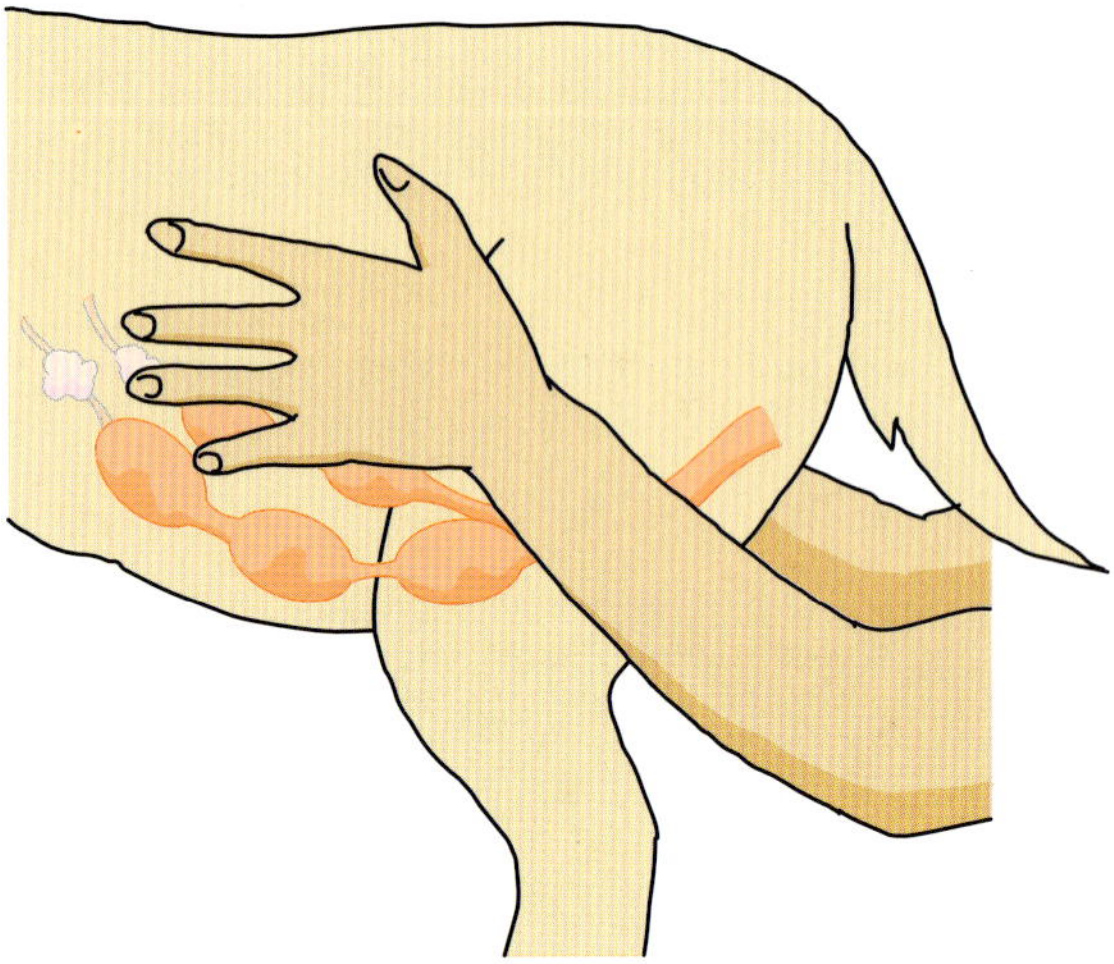

触診の方法は、犬を静かに立たせ、左右の手を脇腹に当て、指を少し開いて腹部を軽く圧迫しながら下腹部に降下させていくと、妊娠子宮を下腹部に落ち着かせることができます。そして子宮の着床部を、優しく指の間に落ち着かせて触診します。胎児数については、正確に把握することができません。

子宮の膨らみは、ちょうどピンポン玉を触れているように丸く硬く、他の腹腔臓器と明確に違いがわかります。この方法は空腹時に行なうべきですが、多少の経験と熟練が必要になってきます。肥満犬ではこの方法は難しく、痩せている犬の方が確認できます。

X線検査は、胎児の骨格が明瞭になる妊娠50日過ぎに受けてください。早すぎると骨格が不鮮明で的確な診断ができませんし、X線検査を何回も受けることになると、胎児への影響があるので、1回で済ませることがよいと思います。検査によって、胎児の頭数や発育の状態、胎児が通過する骨盤の産道も計測できるので、正常な出産に備えることができます。骨盤狭窄（先天性や骨盤骨折）や、胎児の頭数が少なく成長が早い場合は、産道通過障害による難産が予想されるので、帝王切開も考慮に入れておくべきです。

超音波検査は、妊娠1カ月過ぎに受けてください。子宮、胎嚢、胎児が確認できます。

妊娠後期には聴診器を使用して、胎児心音を聴取することもできます。

愛犬がめでたく妊娠していることを、飼い主は早く知りたいものです。妊娠徴候だけで妊娠を確認するのは避けたほうがよいと思います。かかりつけの動物病院で的確な妊娠診断を受けることをお勧めします。

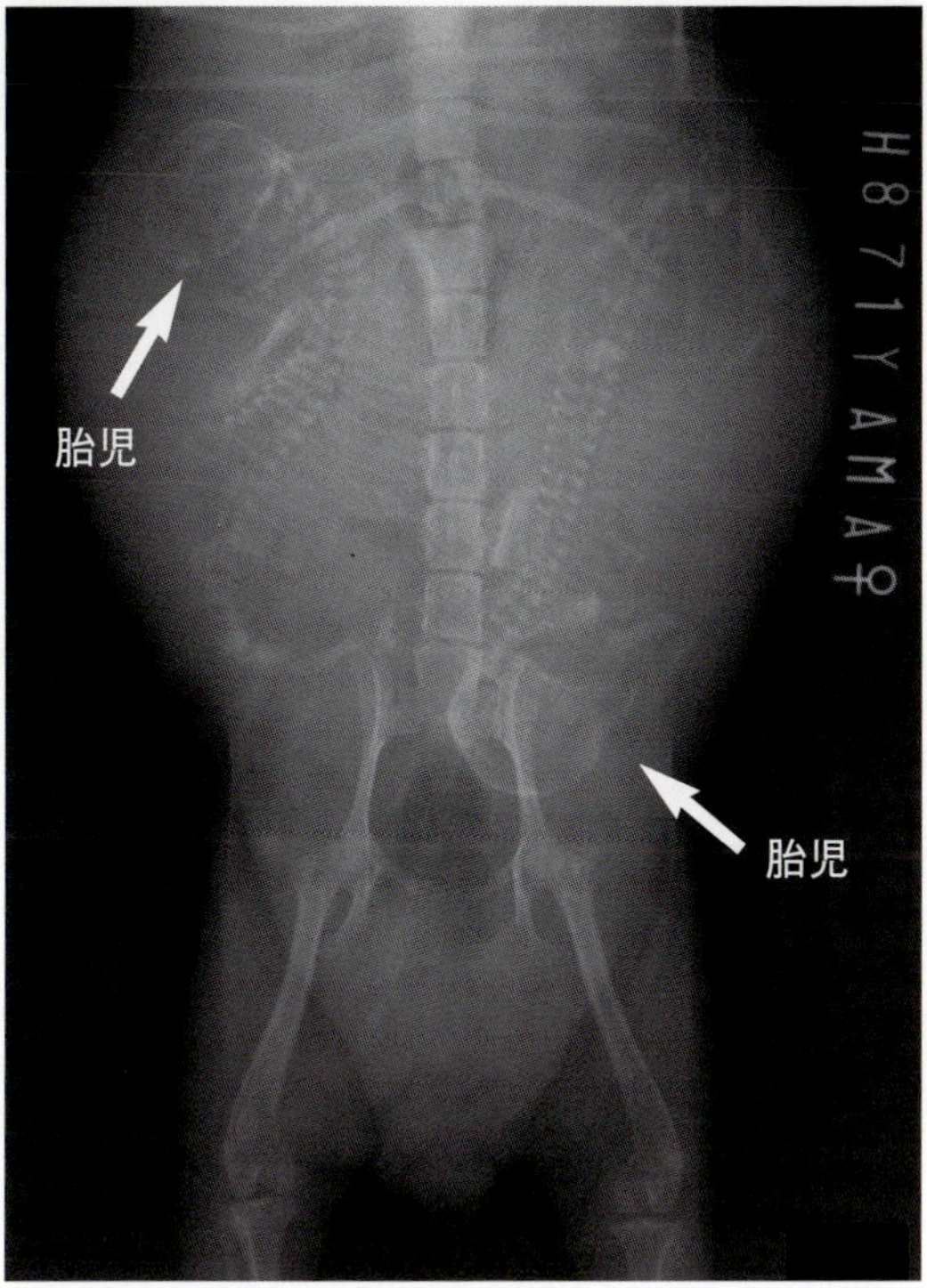

【レントゲン検査による妊娠診断】

妊娠50日過ぎになれば、X線検査によって胎児の頭数や発育、母犬の骨盤などを確認できます

【超音波検査による妊娠診断】

超音波検査では、子宮や胎嚢、胎児が確認できます

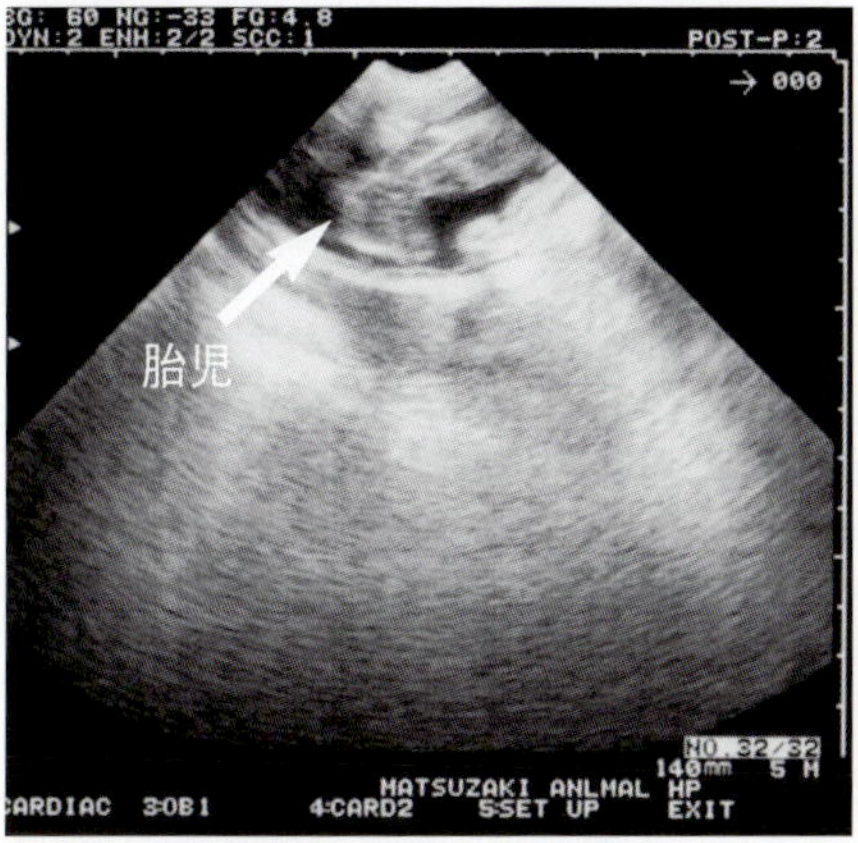

妊娠42～43日目

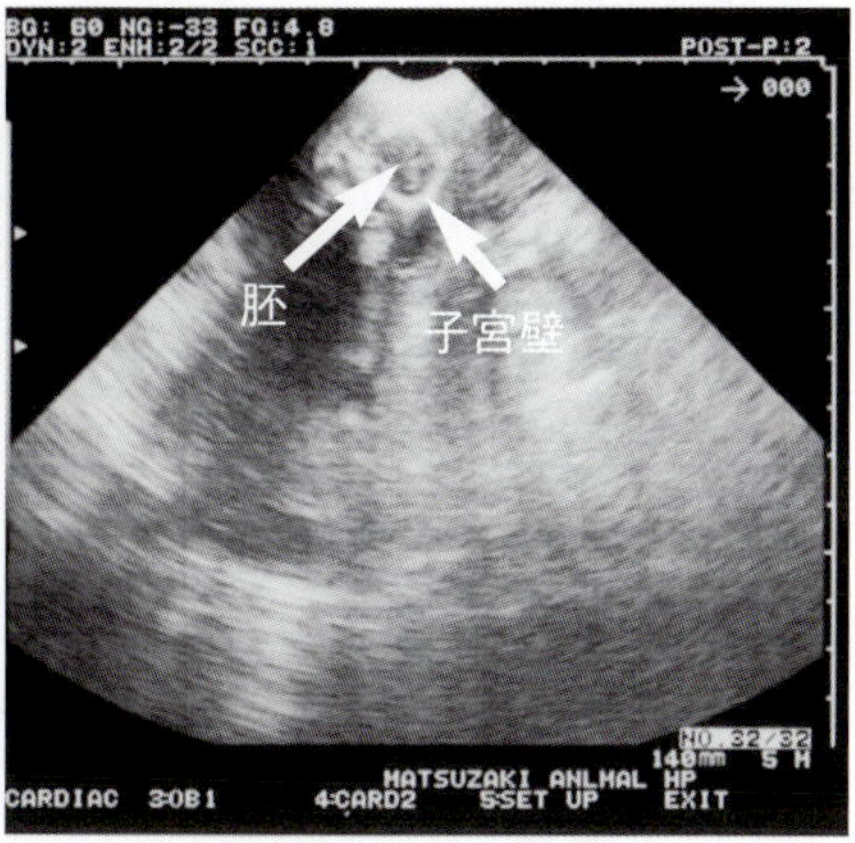

妊娠28～29日目

4 偽妊娠

雌犬は、妊娠の有無にかかわらず、排卵後に黄体が形成され、2カ月ぐらい黄体ホルモンを分泌します。その影響で、乳腺の発育や乳汁の分泌など、妊娠徴候と同様な症状が発現することがあります。

ボロ布や新聞紙などを与えると一カ所に集めて巣を作るような行動（巣作り行動）をとることもあります。飼い主の脱いだ衣類などをくわえて行ってしまう行動もこれと同様です。乳汁で周囲を汚したり、ぬいぐるみなどを与えると授乳させるような行動をとる犬もいます。これらの症状や行動を偽妊娠と呼んでいます。

飼い主が、知らない間に交配したと勘違いして、診断のために動物病院へ連れて来ることもよくあることです。外見では診断がつきにくい場合もありますので、X線検査や超音波検査を必要とすることもあります。

乳汁分泌のために自分で舐めてしまうことがあり、これにより細菌感染を起こし乳房炎を引き起こすことがあります。こうした場合は、腹部を覆うようなもの（腹帯）で舐めることができないようにする必要があります。授乳動作などの母性行動から他の興味のあることへ関心が向くよう、飼育環境を変えることも大事です。

これらの症状は、無発情期がくれば自然に収まります。治療としてホルモン治療が行なわれますが、何回も繰り返すようでしたら、繁殖をあきらめて、避妊手術をすることも考えておかなければなりません。

かかりつけの動物病院でご相談ください。

5 妊娠中の管理

犬の妊娠期間は、58日～63日です。子宮に着床してから40日ぐらいで出産するわけですから、この妊娠期間中の栄養や生活は大変重要です。母犬の健康状態が最良なら、生まれる子犬も当然、充分発育しています。

妊娠前期

妊娠前期は、受精卵が子宮に着床する前の時期ですので、無理な運動やシャンプーは控えめにしてください。子宮に着床する頃、一時的に食欲が落ちることがありますが、すぐに回復してきます。食事管理は、母体と胎児のこれからの成長を考慮し、栄養バランスのよいものをお勧めします。

妊娠していなくても、巣作り行動をしたり、ぬいぐるみに授乳させようとする雌犬もいます

この時期の食事回数は一日1回~2回、以前から食べていた成犬用フードで充分です。母犬が偏食でしたら、かかりつけの動物病院で食事の指導を受けてください。推奨されるドッグフードなら安心です。また、やたらとミネラルやビタミンなどを補給することは控えてください。食事がうまく替えられない時は、焦らず、最初は以前食べていたものに混ぜて、徐々に混ぜる比率を替えていってください。

妊娠中にハムやチーズなどの塩分を多く含んだものを与える飼い主がいますが、嗜好性が高いので、本来食べさせなければならないフードも食べなくなります。食事管理がうまくいかなくなる原因の一つですので与えないでください。

牛乳は飲ませてもかまいませんが、下痢をする母犬には飲ませないでください。これは牛乳成分の乳糖を分解する酵素を、犬は持っていないため、下痢の原因になるからです。

子犬の骨格形成や母乳のためにカルシウムが多く必要になってきます。食事にカルシウムを添加してもよいのですが、多くても少なくても問題が生じてきますので注意が必要です。

妊娠中期

受精卵が着床したこの時期の体重の増加はゆるやかです。

妊娠中期は、受精卵が子宮に着床して、安定時期を迎えますので、適度な運動を行なってもよいでしょう。シャンプーも妊娠半ばで1回ぐらい行ない、清潔にしておくのもよいでしょう。妊娠徴候として乳腺の発育が見られ、腹部も少し張ってくるこの時期は、食事を市販の妊娠授乳期用のフードに切り替えます。このフードはカロリーが高いため、急な食事変更で体調を崩すことがあるので、徐々に替えていってください。

子宮内の胎児も徐々に発育して、体重も順調に増加してきます。

妊娠後期

妊娠後期に入ると、適度な運動は続けてもよいですが、高いところや階段の上り下りには流産の危険があるので注意が必要です。腹部も膨満になり、とくに出産間近になりますと、肢の短い犬種では床に着く程になり、擦過傷の原因にもなります。抱く時も腹部を圧迫しないような抱き方を心がけてください。

この時期は、胎児の成長に伴い母犬の食欲も旺盛になってきますので、量的には普段の3割増を与えてください。食事量は多くなりますが、胎児の成長とともに子宮が胃腸を圧迫して、一度に多く食べれなくなりますので、一日3回〜4回に分けて与えてください。とくに大型犬では、常時食べられるようにしておいた方がよいでしょう。

体重は増えつづけ、妊娠末期にはピークに達します。

妊娠末期

出産時に、尿膜が破れて産道を潤したり（破水）、胎児の胎盤が子宮から剥がれた時に出る緑色の悪露によって、外陰部や尾根部を汚しますので、この部分の毛は短くカットして出産に備えましょう。この時、子犬が母乳を吸いやすいよう乳腺周囲も同様に短くカットしておきます。どうしても短くカットできない時は、ラッピングしておきましょう。

胎児の頭数、大きさ、骨盤の状態などを確認するために事前にかかりつけの動物病院で検査を受けることをお勧めします。小型犬の出産ではとくに、難産や早産、あるいは帝王切開をしなければならないことがあるので、動物病院で検査を受けておけば、安心して出産にのぞめます。

流産

妊娠が中断されて、胎児が死亡してしまう流産は、犬の場合、それほど多く見られません。原因として挙げられるのは、腹部圧迫などの機械的刺激、胎児の奇形、細菌、原虫、ウイルスの感染などです。流産の多くは突発的に起こるので、防止するのは困難です。

妊娠前期、妊娠中期に流産をした場合、外陰部を舐めたり、胎児や胎膜を食べてしまい痕跡がなくなるので、確認が困難なことがあります。

流産の中でも、最も一般的な原因であるブルセラ菌による流産は、妊娠後期に見られ、人間にも感染する恐ろしい疾患です。妊娠後期に流産が見られたら、ただちにかかりつけの動物病院の指示を受けてください。

CHAPTER 3

松崎　正実

出産

1 性成熟と繁殖可能年齢

性成熟

子犬が成長していく過程で、雌犬ならば妊娠することが可能な体になり、雄犬ならば妊娠させることが可能な体になることを、性成熟に達したと表現します。

雌犬では、卵巣の卵胞から分泌される雌性ホルモンによって生殖器が発達、充実してきて、初めての発情期を迎えます。雄犬では、睾丸の発育と共に精子が造られ始め、陰茎なども発達してきます。

この初回発情が見られる時期は、犬の大きさによって差があり、小型犬種では6～8カ月齢、大型犬種では8～10カ月齢位といわれていますが、同じ犬種でも個体差があり、予定どおりに見られないものもあります。

雄犬の性成熟は、同じような大きさの雌犬より多少遅いと言われています。

繁殖に適した年齢と時期

性成熟に達した雌犬ならば、立派に繁殖能力がありますので、交配、出産が可能です。しかし、初回発情の見られる年齢が、まだ骨格形成がしっかりしていない6～8カ月頃ということで、初回の発情での交配は見送るほうがよいといわれています。

超小型犬種のブリーダーの方の中には、初回発情で交配し、骨盤が固まらないうちに出産させた方がその後の繁殖のためにも良いという人もいますが、根拠はありません。

大型犬では、2歳位までに妊娠すると妊娠子宮の重さで背骨が下がってしまい、体型が崩れてしまうことから、2～3回の発情を見送ることがあります。とくにジャーマン・シェパードでは、2歳以下の繁殖を禁止している登録団体もあります。

繁殖に適した年齢としては、超小型犬種から中型犬種までは1歳以上、大型犬種や超大型犬種では2歳以上が良いと考えられます。

高齢出産の限度としては、犬の体力や泌乳量の低下、乳腺や子宮の病気などの発症にもよりますが、犬種や大きさに関係なく、8歳位までと考えてあげたほうが犬のためによいと思います。

2 出産を控えての準備

産室の準備

第2章で説明のとおり、犬の妊娠期間は58日〜63日と幅があります。日頃、犬小屋で生活していない室内飼育の犬には、犬舎や箱などに入れられることを嫌うものがあるので、出産に備えて産室を準備し、出産予定の1週間くらい前から、その場に入る練習をして慣らすようにしてやります。

産室の広さは、幅が犬の体長の2倍、奥行きが体長の1・5倍位あれば、子犬がある程度大きくなっても授乳するのに適当な広さだと思われます。産室の出入り口は、母犬が出入りする時に乳房や乳頭が当たらず、かつ、子犬が少し大きくなって動き回っても出て来られない高さにします。

ジャーマン・シェパードのような大型犬は、2歳以前に妊娠すると子宮の重さで体型が崩れるとして、発情を2〜3回見送ることも

産室の設置場所は、母犬が安心できることが第一条件です。犬が一番なついている人の部屋、家族が集まる居間や台所の片隅などでも良いと思います。そのような条件の中で、できるだけ人が側を通らない場所を選び、家族といえどもやたらと覗けないような工夫をして場所を決めてやります。季節によっては、温度調節や風通しの必要性も考えてやらなければなりません。一度決めた場所は、母犬を落ち着かせるためにも、やたらと移動しないような注意が必要です。

産室の中には、練習の段階から細かく切った新聞紙やタオルなどを入れてやります。細かく切った新聞紙は、出産の時に羊水や血液で汚れた場合にすぐに取り替えてやれるように、多めに準備しておくと良いでしょう。

産室は、居間や台所、いちばん好きな人の部屋など、犬が最も安心できる場所に。一度設置したら移動しないようにしましょう

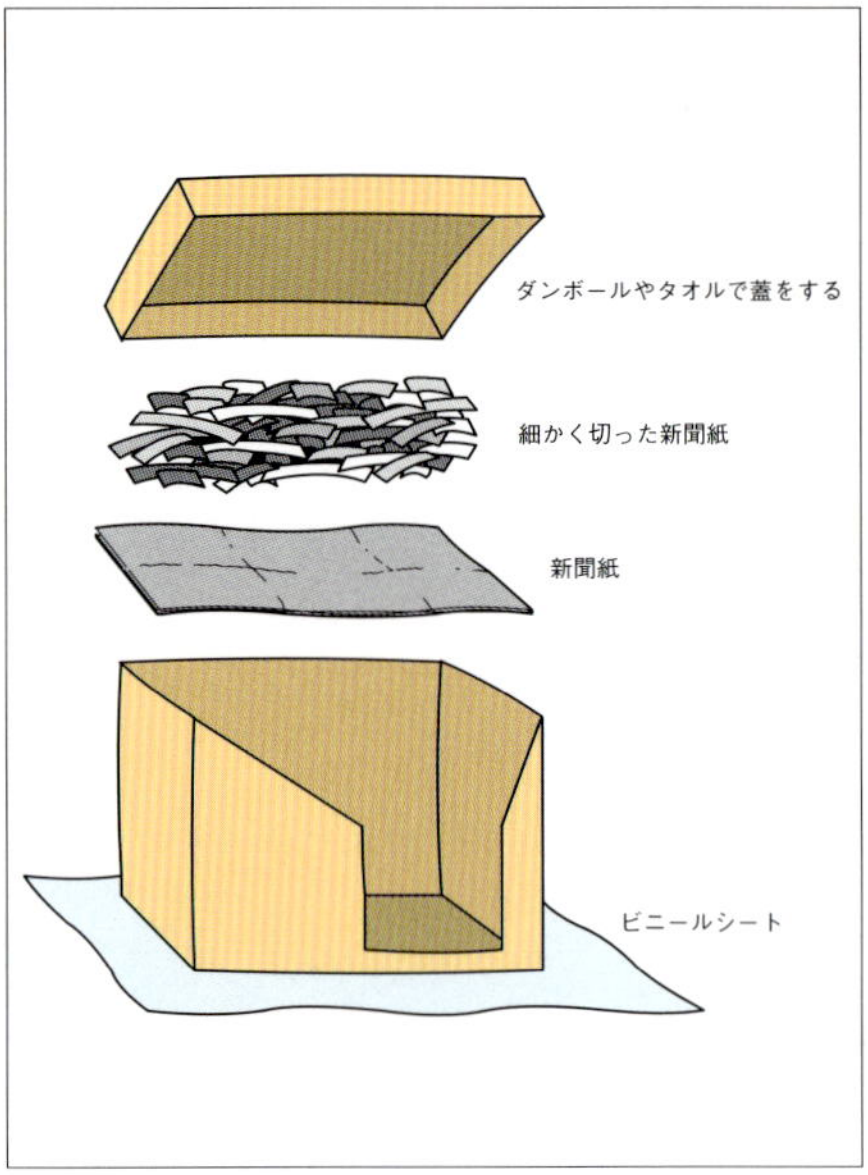

段ボールなどを利用して産室を用意します。幅は犬の体長の2倍、奥行きは1.5倍くらいが適当です。出入り口は母犬の乳房に当たらず、かつ子犬が出られない高さに。中には細かく切った新聞紙を入れて

レントゲン検査

出産予定日が近づいて来たら、レントゲン検査を受けることをお奨めします。妊娠中期以前の妊娠診断には、超音波検査が用いられますが、出産直前の場合には、胎児の頭数と大きさを調べることを目的としてレントゲン検査を行ないます。時期としては、出産予定日の4～5日前くらいが良いでしょう。この時期になれば、胎児の大きさと骨盤腔の広さの比較もできるので、難産の可能性がありそうかどうか、判断の一助にもなります。

なによりも、胎児の頭数を把握しておけるということは、自然分娩において、いつまで出産が続くのかを心配する必要がなくなるということです。レントゲン検査で調べてわかっている頭数が無事出産されれば安心できますし、後は母犬に任せて犬の側を離れることができます。

3 出産直前までにする準備

出産を直前に控え、出産に必要な備品を準備しておきます。

体温計：母犬の体温の変化で出産兆候を把握することができます。体温計は棒状体温計や電子体温計が使いやすいでしょう。

はかり：台所用のもので、1～2kg用で良いでしょう。子犬の発育状態を把握するためです。

タオル：産まれた直後の子犬を拭いたりします。産まれたばかりの子犬は羊水で濡れていますので、水分をよく吸収するものが良く、使い捨てにしますので、使い古したものでも、ボロ布でもかまいません。

出産直前までにする準備する物

糸　：裁縫用の木綿糸でかまいません。太目の丈夫なものが良いですが、凧糸のような太過ぎるものは不適です。動物病院で縫合用の絹糸を分けてもらってもよいでしょう。へその緒をハサミで切断する時に結紮して止血するために使います。母犬が食いちぎった後に出血が見られた場合にも、結紮して止血をします。

ハサミ：子犬のへその緒や糸を切ります。

消毒綿：体温計、糸、ハサミなどを拭いて消毒します。市販のものでも良いし、動物病院で分けてもらうこともできます。

筆記用具：子犬の性別、体重、毛色、模様などを記入して観察ノートを作ります。

その他：ティッシュペーパー、ガーゼ、ビニール袋、出産が終了するまで先に産まれた子犬を一時的に入れておく箱やバスケット、洗面器なども用意しておきます。冬期でしたらペットヒーターも必要でしょう。

長毛種の犬では、出産時に伴う汚れが被毛に付着しないように、外陰部の周囲や大腿部の被毛を短く切っておくようにします。同様に、子犬が乳首に吸い付きやすいように、乳首の周囲の毛も切っておきます。

4 出産の実際と助産方法

出産兆候の見分け方

出産予定日の数日前から、朝と夕方の2回、母犬の体温を測定してノートに記入しておきます（折れ線グラフにするとわかりやすい）。

体温の測定方法は、肛門に体温計を挿入して計る直腸温が理想ですが、慣れていないので心配という方は、内股（腹部と大腿部の間）に体温計を挟み、時間を多めにして計測することもできます。ただし、この場合には一般的に言われている直腸温による平熱より値が低く測定されるので、低いなりの平熱を把握しておく必要があります。

犬の平熱は直腸温で38℃～38・5℃くらいですが、出産日が近づいてくると、その2日くらい前から体温が徐々に下がってきます。そして、出産間近には37℃以下にまで下がり、そこから元の体温に戻り始めます。下がった体温が上がり始めてから数時間くらい後に陣痛が始まり、出産が開始されます。

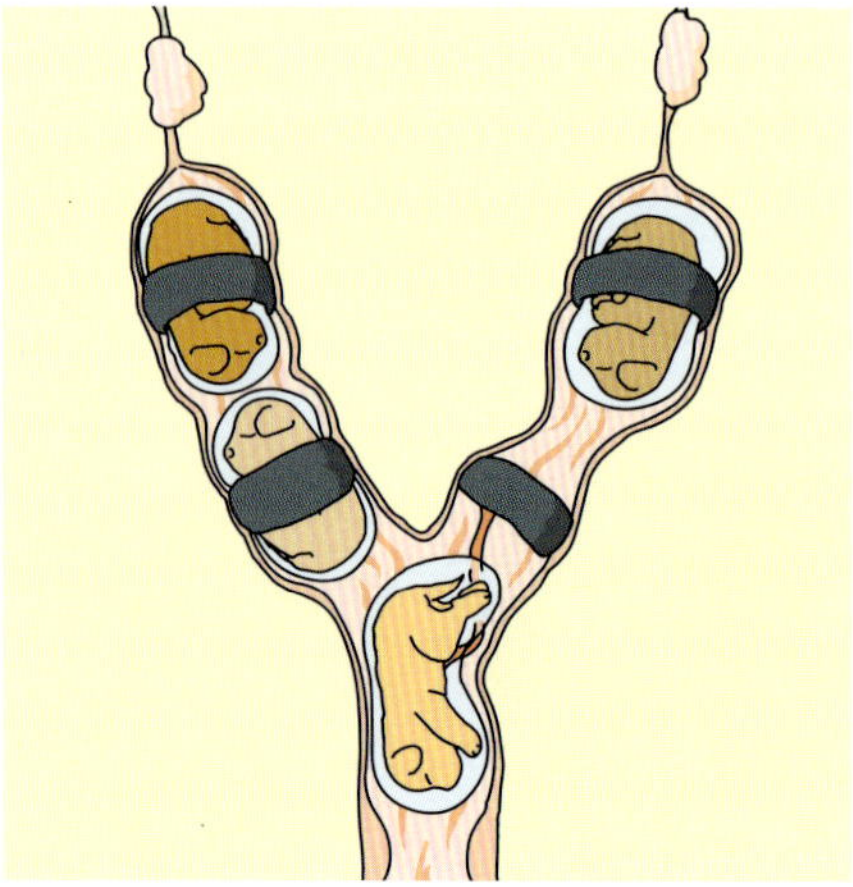

陣痛が強くなり、なんどもくり返すうちに、胎児が産道に入ってきます

出産が近づいてくると、産室に入って巣作りをしたり、不安そうに飼い主に甘えてきたり、なんとなく落ち着きがなくなってきます。

出産当日になると、食欲が無くなり、軟便または下痢便をするようになります。これはお腹の中を空にしてから出産に臨むという、本能的な行動の一つです。

陣痛の始まり

陣痛が始まると、わずかな震えが見られ、同時に呼吸が速くなってきます。これを何度か繰り返していくうちに陣痛が徐々に強くなってきます。陣痛が強くなってくると、速い呼吸を一瞬止めて腹部を硬直させ、力む様子が見られてきます。さらに強い陣痛がくると、犬は立ち上がって排便をする時のような体勢をとり、強く力むようになります。この強い陣痛を繰り返しているうちに、胎児が子宮から膣産道に移動してきて、陣痛と共に一気に排出されてきます。立ち上がらず、横になったままで出産する犬もいます。

正常な出産の様子

強い陣痛が続き、外陰部から膣の中に水様物が入っている薄い膜が見えてきます。この薄い膜は尿膜と羊膜です。尿膜はすでに破れている場合が多く、それによって水分が膣より出てくることを破水といい、産道を滑

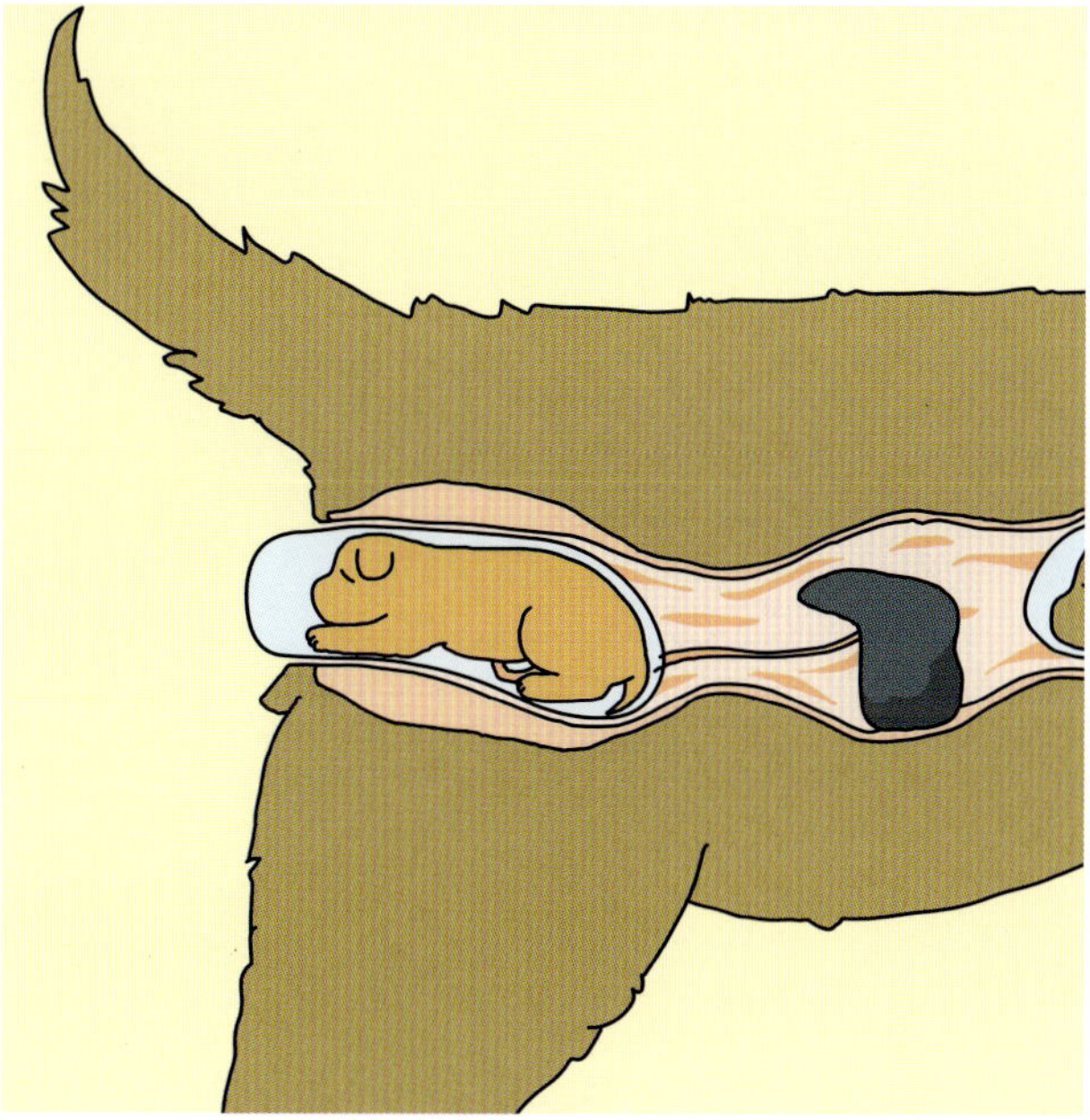

強い陣痛が続き、膣の中に薄い膜（尿膜と羊膜）が見え、中の胎児が確認できるようになります

らかにする役目をしています。目に見えている羊膜の中に胎児がいます。場合によっては羊膜も破れていて、胎児が直接見えることもありますが、難産にならない限り心配ありません。ここまでくれば、最後の強い陣痛によって、羊膜に包まれた状態の胎児が一気に排出され、無事出産となります。

　母犬は、すぐに胎児を包んでいる羊膜を舐めて切り、へその緒を食いちぎり、羊膜や胎盤を食べて処理します。また、母犬は子犬に付着している羊水を舐めてきれいにしてやります。子犬は、この時の舌による刺激で呼吸を促され、産声を上げます。子犬は産まれてすぐに母犬の乳房を探し、吸い付いて乳を飲み始めます。母犬は、次の陣痛が始まるまで子犬を舐めて世話をします。

　1頭出産してから次の陣痛始まるまでの時間は、個体差はありますが約15分～1時間位です。次の陣痛が始まったら、それまでに産まれた子犬を小さめな箱かバスケットに入れて避難させます。この時、母犬が心配しないように、必ず子犬が見えるようにしておきます。

　これを繰り返して出産は終わりますが、胎児の頭数が多い場合には、数時間から半日以上に渡ってお産が続くことがあります。あまり長時間になると母犬が疲れてしまい陣痛微弱となり、難産になることもあるので、注意が必要です。

　出産に立ち会った時には、子犬の数と、母犬が食べて処理したものを含めたすべての胎盤の数が同じであることを確認してください。胎盤は1頭の胎児に一つなければなりませんので、胎盤が少ない場合には、まだ子宮の中に残っているということ

最後の強い陣痛によって、羊膜に包まれた胎児が一気に外へ

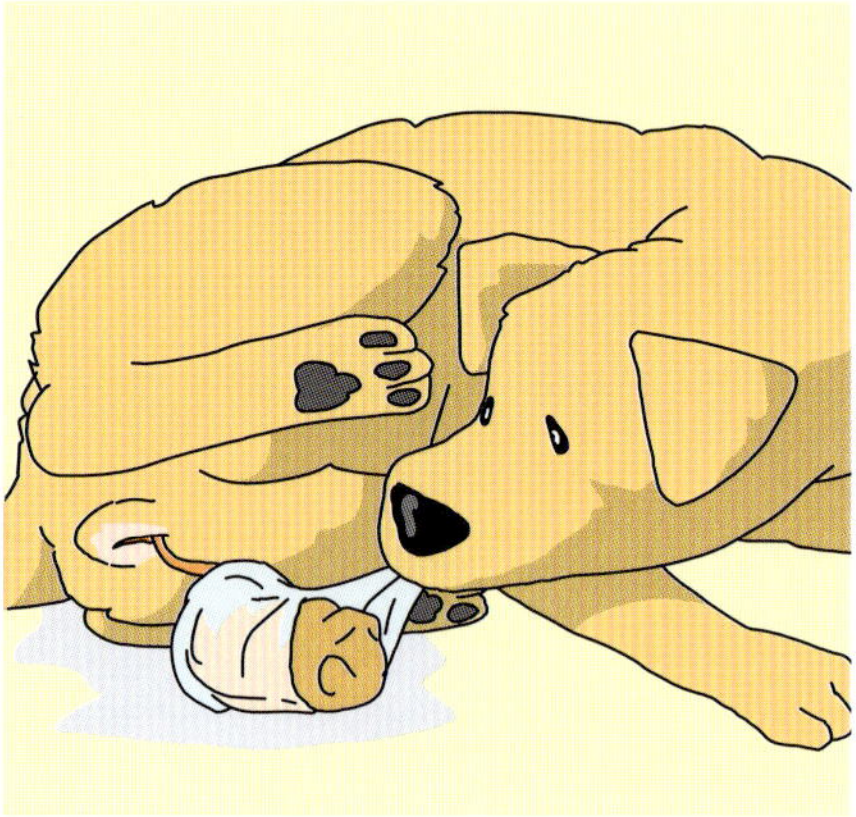

母犬はすぐに羊膜をなめて破り

へその緒を食いちぎります

羊膜や胎盤は母犬が食べて処理します

母犬が子犬の体についた羊水をなめてきれいにすることで、子犬の呼吸が促されます

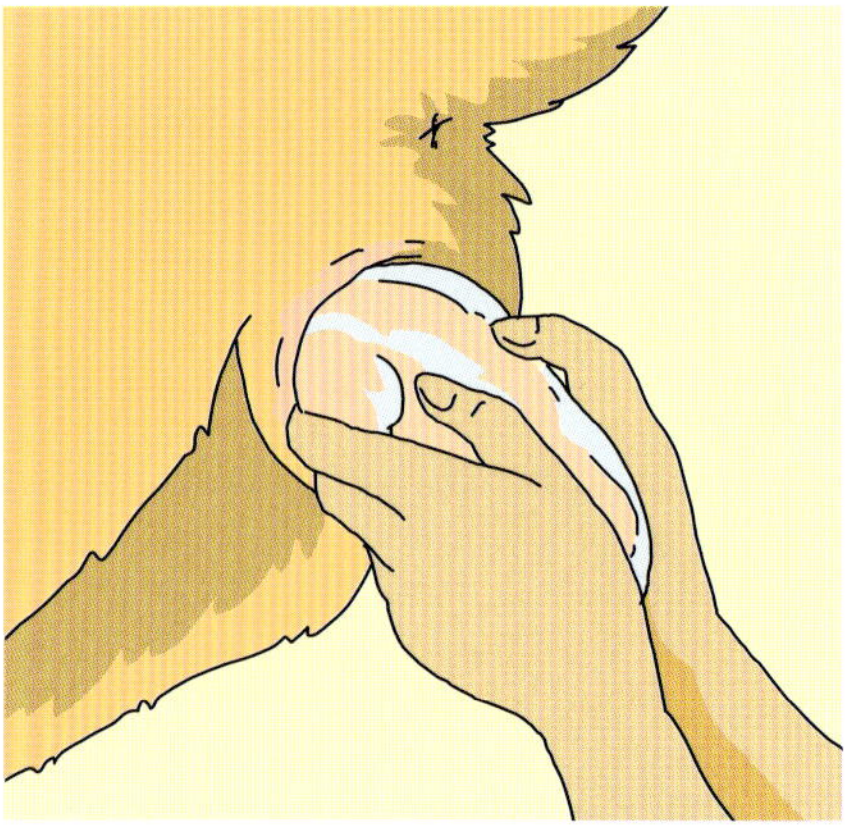

助産が必要な場合は、外陰部の外に出ている胎児の頭や手足をガーゼなどで滑らないように包んで、陣痛に合わせて無理せず引っぱり出します

になります。これを後産停滞といって、胎児がいないのに陣痛が起こりそれを排出しようとし、まだお産が続くように見えたりします。それでも胎盤が出てこないと、産後何日も下り物が続くようなことになりますし、子宮の病気にもなりかねません。胎児が出てこない陣痛が続いたり、下り物が長く続くようでしたら動物病院に相談してください。

助産方法について

犬の出産では、胎児は羊膜に包まれて出てくるため、比較的スムーズに分娩することができるので、頭側から分娩しても、後肢から分娩しても正常分娩です。正常分娩の場合には、原則的に母犬にすべてを任せるのが一番良い方法であり、むやみに人が手助けをし過ぎると何もできない犬になってしまいます。人は母犬のそばにいてやり、安心させるだけで立派に助産の役割を果たしていることになります。

胎児が産道に入ってきた時に羊膜が破れてしまい、外陰部から胎児の頭や手足が出ている状態でありながら、強い陣痛が続いてもそれ以上出てきそうにない時には、人が手を貸してやらなければなりません。外陰部から出ている頭や手足をガーゼやタオルなどで滑らないようにしっかりと掴み、陣痛に合わせるようにゆっくりと無理をしないよう、引っ張り出してやります。出にくい時に引き出す力の入れ具合は、慣れない人には難しく感じるでしょうし、大変勇気が必要です。このような事態になってしまった時には、すぐに動物病院に連絡をして指示を仰いでください。

外陰部から胎児の頭や手足が出ている状態で、それ以上出てきそうにない時に、腹部を圧迫すればその圧力で出てくるなどという人がいますが、そのような単純なことで出産できることはありません。無理なことをして子宮破裂を起こし、悲惨なことになった例もありますので、決して腹部を圧迫するようなことはしないでください。

初めての出産や、毎回人が手助けをしている犬の場合、出産はしたものの、羊膜やへその緒の処理をしないでただ見ているだけの母犬がたまにいます。また、初めての出産で驚いてしまい、やり方がわからないこともあります。この場合には、とりあえず羊膜を人が破って、子犬が呼吸できる状態にしてやり、濡れたままの子犬を母犬の鼻先に持っていって舐めるかどうかを見ます。舐めない時には、へその緒の腹から2㎝くらいの所

母犬がしない場合は、人が羊膜を破り母犬の鼻先へ。それでも母犬がなめない場合は、へその緒も切ります。へその緒は子犬の腹から２㎝ほどのところを糸で縛り、胎盤側を切ります

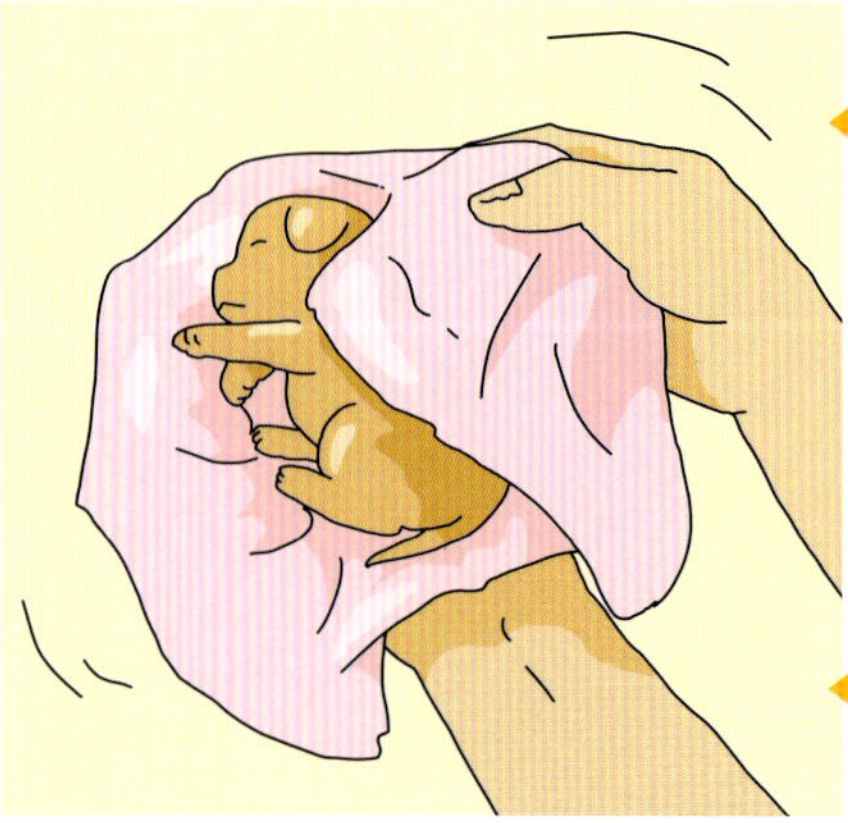

へその緒を切ったら、子犬の体をタオルなどで拭きます。とくに胸の部分を強めに擦り、呼吸をうながします

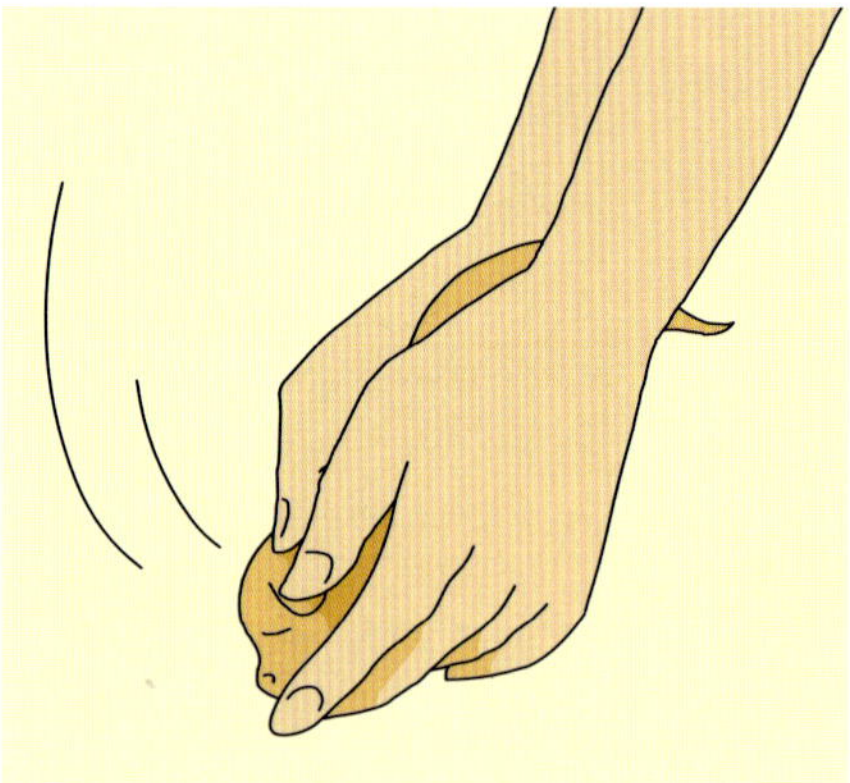

子犬がなかなか呼吸をしない場合、子犬の体を両手で包んで軽く振り、口や鼻に入った羊水を出してやります

を糸で結紮し、胎盤側の部分を切り落としてから、子犬をタオルなどで拭いて乾かします。

この時に、胸の部分を強めに擦ってやることによって子犬が呼吸をし、産声をあげます。その声を聞いて母犬が興味を示したら鼻先に近づけてみます。母犬が子犬を舐め始めたら後は母犬に任せて様子を見ます。舐めないようなら、子犬を母犬の乳房につけて母乳を吸わせてやります。乳を吸われることにより、母性本能が出てきて面倒を見るようになります。

羊膜や胎盤は母犬が食べて処理しますが、多数出産した場合などでは食べ過ぎて下痢をすることがありますので、2〜3頭分食べさせたら、後はできればすぐに片付けてしまうようにします。母犬がかみ切ったへその緒から出血がある時には、糸で結紮して血を止めてやります。

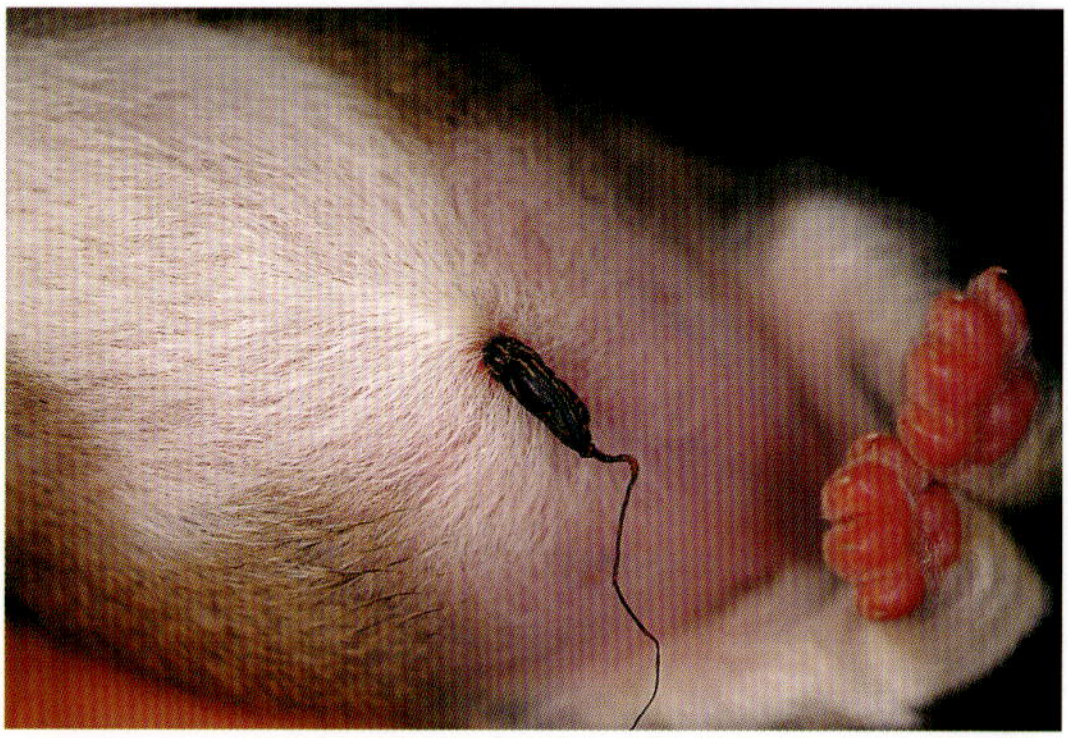

この子のへその緒は、もう乾きかけています

5 出産後の管理

母犬の管理

出産を終えると、母犬は子育てに専念します。始めの2～3日は食事も排泄もがまんして子犬の側から離れようとしないこともあります。食事は、産室の中に持って行ってやり、排泄はいつもの慣れた所に連れて行ってやります。排泄が終わったらすぐに戻ってきて、子犬に何も無かったことを教えてやれば、その後はちゃんとするはずです。

母乳が出ている間は、水分を多めに与えなければなりません。栄養的にも、妊娠後期と同じように、タンパク質を多く与えます。子犬の排泄物を舐め取って処理するので、食事は少なめなものを回数を増やして与えるようにします。

出産後の下り物がしばらく続くので、外陰部から出てくる汚れに気をつけて清潔を保つようにしてやります。無理な助産で膣等を傷めてしまうと、出血や下り物が多くなることがありますが、心配いりません。

乳房の柔らかさや温度を一日1回確認して、乳腺炎にならないように注意しましょう。乳腺炎になりかかってくると、乳房が硬くしこってきて、乳房そのものに熱感が見られるようになります。その場合には、40℃位のお湯でタオルを絞り温シップをして、そっとマッサージして、溜まっている乳汁をやさしく搾り出してやります。うまくいかない時や疼痛を伴う時には、動物病院に相談してください。

子犬が乳を飲んでいる時の様子を見ると、乳の出具合がわかります。充分な量の乳が出ている時には、小さな耳がリズミカルにピクピク動き、かわいい尻尾を小刻みに振りながら乳首に吸い付いています。一方、乳の出が良くない時は、子犬が前足で乳房を揉むようにする動作が見られます。乳があまり出ていないような様子が見られたら、母犬に水分を与えてみたり、他の乳首を吸わせてみたりして様子を見ます。

　どうしても乳の出が良くない場合には人工哺乳（第4章『子犬の育て方』参照）を考えなくてはなりません。

子犬の成長記録

　子犬が無事産まれたら、すべての子犬の成長記録を付ける観察ノートを用意します。出生直後に子犬の体重、性別、毛色、模様の特徴などを記録します。

　子犬の体重は一日1回、できるだけ同じ時刻に測定し、折れ線グラフにすると変化がよくわかります。体重測定は、最低でも2週間は続ける必要があります。

　子犬の体重は、生まれて2～3日目に一度減少が見られますが、その後は毎日確実に増え続けていきます。前日より減少したり、同じ体重が数日間続くようなら、乳の飲み具合、元気や動きに変化がないかなど、注意して観察する必要があります。

　複数の子犬を見分ける方法としては、毛色が2色以上あるものならば、模様の特徴を観察ノートにできるだけわかりやすくメモすれば区別できます。

　全身同じ色やブラック&タンのような犬種では、色違いのリボンや番号を書いたリボンを首に付けたり、わかりやすい色のマジックインクで背番号や目印を、手足、頭、背中に書き入れて区別できるようにします。

6 分娩の異常

犬は昔から安産の守り神として知られています。これは、外で飼われていた犬が、気がついたら子犬が産まれていたというほど安産であったからだと思われます。現実に、ほとんどの犬は安産であると思いますが、必ずしも犬のお産がすべて安産であるとは限りません。

　超小型犬やブルドッグ、ペキニーズといった頭の大きい犬種では、難産になる確立は高いようですし、中型犬以上の大きさの犬においても、産道に下りてきた胎児の形態や、出産頭数によっては、難産になることがあります。超小型犬や難産になりやすい犬種では、交配をした時点で難産になることを覚悟しておくとともに、か

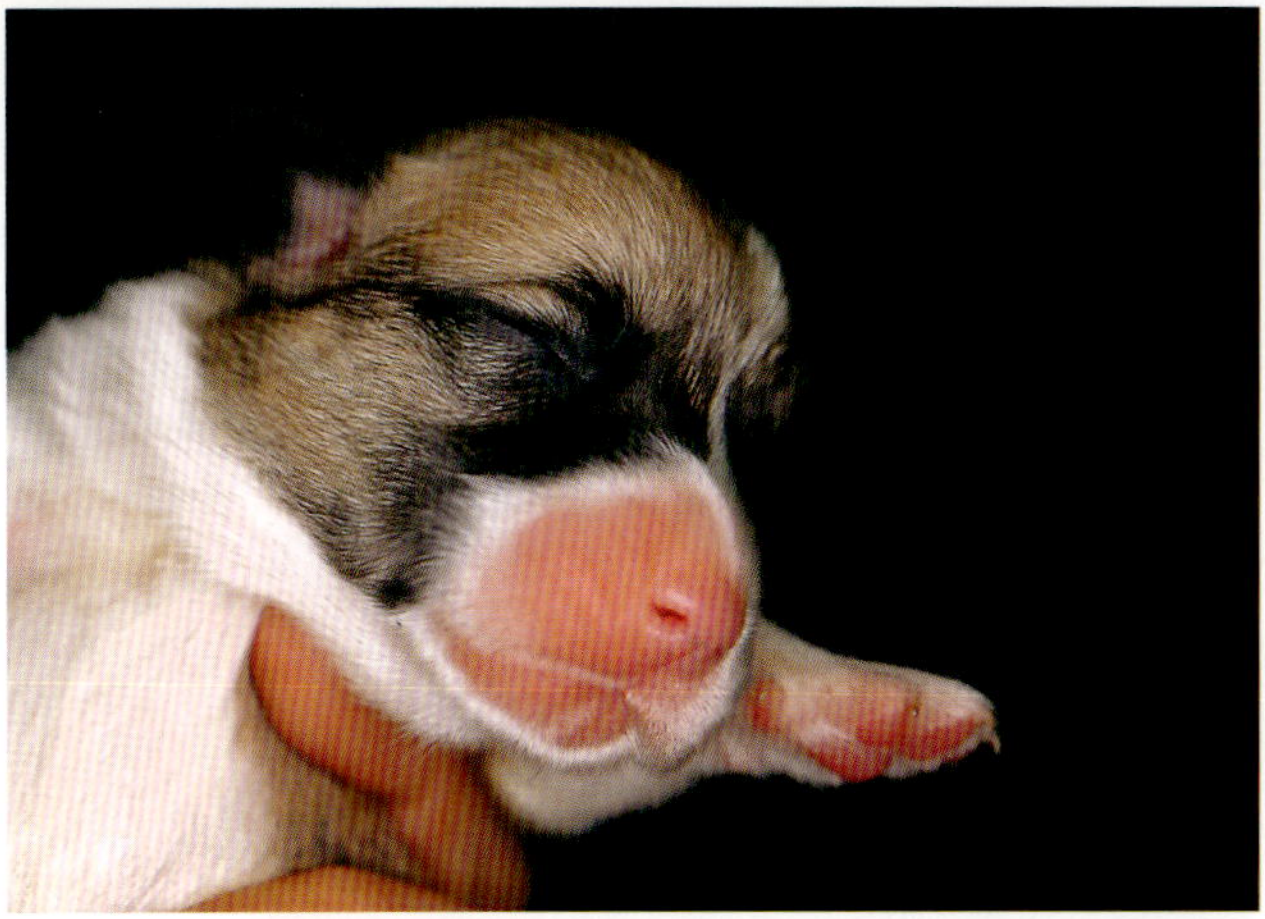

生まれたての赤ちゃん。まだ目も見えず耳も聞こえませんが、自分で母犬の乳房を探し出し、吸い付きます

子犬がお乳を飲む様子で、充分な母乳が出ているかどうかがわかります

かりつけの動物病院に予定日を知らせて、夜遅くても診療してもらえるのかどうか尋ねておくと良いでしょう。

陣痛が始まったら、難産になるかどうかわからなくても動物病院に連絡を入れておいてください。

難産の兆候とは

正常な分娩では、犬によって個体差はありますが、軽い陣痛が始まってから2時間位までには陣痛が強くなり、さらに強い陣痛によって胎児を出産します。胎児は羊膜に包まれたままで出産されてくるか、もしくは羊膜が破れた状態で胎児だけが先に出産され、後から羊膜と胎盤がついてくることもあります。ところが、強い陣痛が何度も発現しているにもかかわらず胎児が出てこない場合や、強い陣痛の後に破水が見られたり、胎盤が

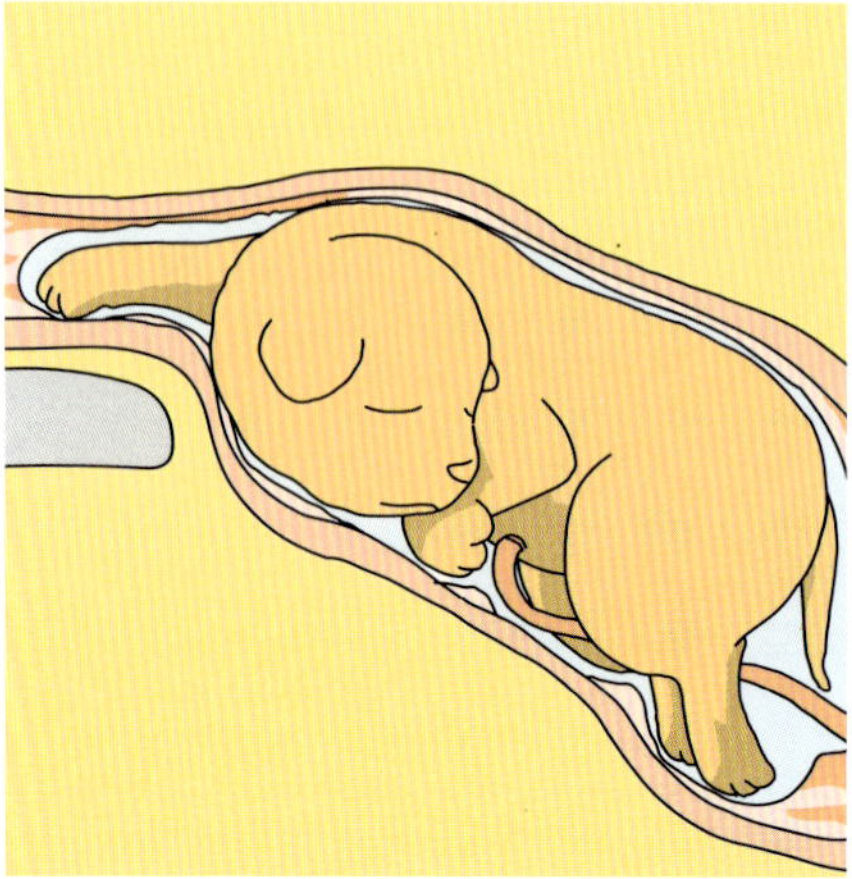

産道に入いる前に首が曲がってしまい、前肢や肩峰部から産道に入ると、分娩が困難になります

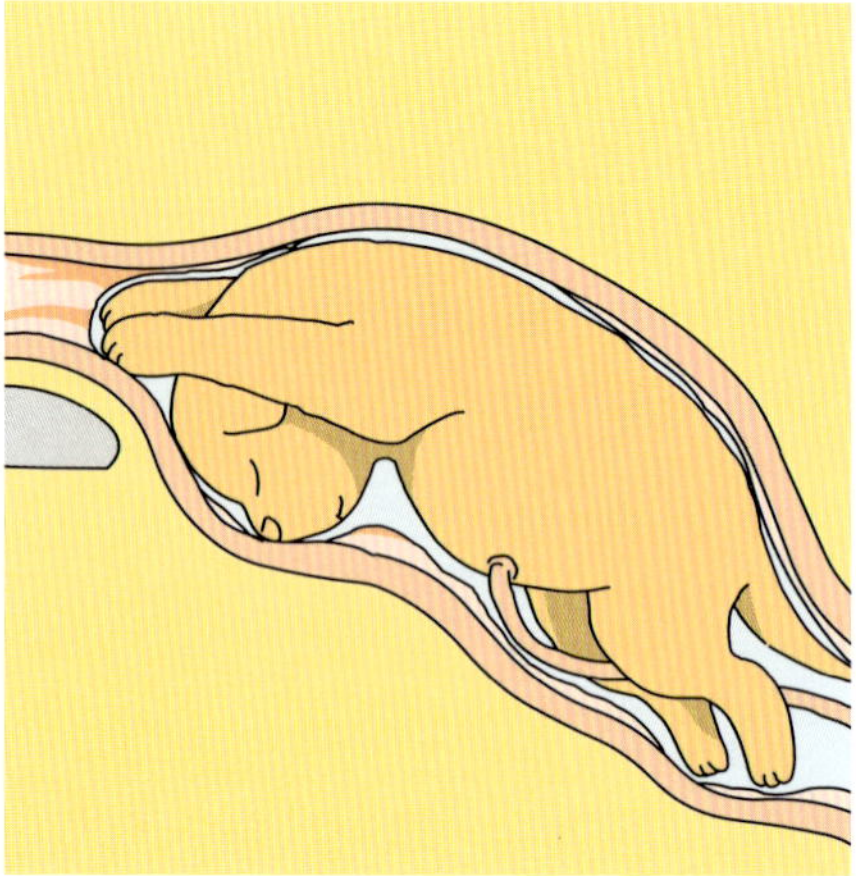

鼻先から産道に入らず、顔が下を向いてしまい、前肢や頭頂部から産道に入ると、分娩が困難になります

剥離した時に出てくる緑色の排出液が見られたのにもかかわらず、30分~1時間経っても胎児が出てこないような場合があります。この場合、難産と考えて緊急の処置が必要となります。

弱い陣痛が見られるようになってから2時間も3時間も経過しても、強い陣痛が発現してこないような場合、母体側に原因のある陣痛微弱と考えられますので、注意が必要です。どの場合でも、早急に動物病院に連絡して指示を仰いでください。

難産の原因

難産を引き起こす原因として考えられることは種々さまざまですので、あらゆる可能性を考えて出産に立ち会わなければなりません。順調に出産が進行するかどうかをよく観察して、最後の胎児が無事産まれるまで、母犬の側にいてあげてください。

手をつくしても自然分娩を望めそうにない難産になってしまいそうな時には、動物病院に連絡をして指示を仰ぐと共に、帝王切開による出産をさせるほうが母子共に助かる確率は高くなります。

★小型犬・超小型犬である場合

小型犬・超小型犬については全般的に注意が必要ですが、特に母体が小さいほど難産になる可能性は高くなります。

★骨格的に頭部が大きい犬種である場合

ブルドッグ、ペキニーズ、パグ、狆などの短頭種では難産になりやすいと言われています。

★初産である場合

経産犬に比べて初産犬の方が難産になりやすいことがあります。4~5歳以上の初産の場合には特に注意が必要です。

★胎児が大きく育ち過ぎてしまった場合

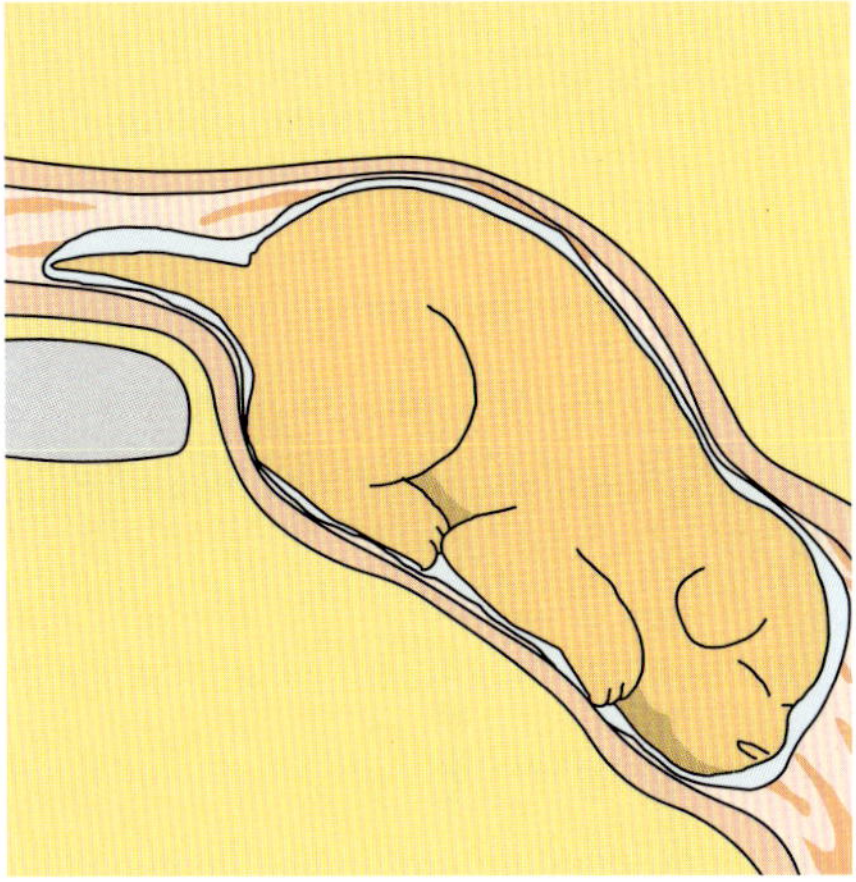

後肢先端から産道に入らず、後肢が腹側に位置して尾や尻から産道に入ると、分娩が困難になります

犬種に関係なく、胎児の数が1～2頭と少ないと、胎児が大きく育ってしまい、難産になりやすくなります。小型犬種の方が注意が必要です。事前にレントゲン検査を受け、骨盤腔と胎児の頭部の大きさを比較しておけば、難産の可能性の有無の判断に役立ちます。

★胎児の失位による場合

胎児の失位とは、胎児が子宮から産道に移行されてくる際に、頭や後肢からスムーズに出てこないで、首や体が捻じれて肩や頭頂部から出てこようとする異常体勢になってしまうことをいい、産道を通過することが困難となり、難産になってしまいます。

★陣痛微弱による場合

陣痛微弱は、出産開始時から弱いものもありますし、老齢なものや肥満気味のものにも見られる傾向があります。また、胎児数が多い時には、時間の経過と共に母犬が疲労してきて、陣痛が徐々に弱くなってくるものもあります。その結果、胎児の排出が困難になってきます。陣痛促進剤の投与によって強い陣痛を起こさせて、出産させるようにしますが、それでもうまく行かない時には、早めに帝王切開をした方が良いと思われます。

★骨盤腔が異常に狭い場合

先天的に骨盤腔が狭い場合や、交通事故などにより骨盤を骨折し、その結果骨盤腔が狭くなってしまった場合などにおいては、産道が広がらず胎児が通過できないために難産になります。

★ごく稀なその他の異常

胎児そのものに奇形が見られた場合や、母犬に重篤なそけいヘルニアがあり、そのヘルニア輪から子宮が脱出してしまった場合などでも難産になる可能性があります。

出産の直前に、不慮の事故に

遭ったり、無理な助産処置で腹部を圧迫し過ぎたために子宮破裂を起すことがあります。犬は疼痛とショックでぐったりとしてしまいます。

　こうした場合、緊急手術をして、まず母犬を助ける手段を講じます。時間の問題ですが、胎児の生存は難しいと思われます。

診断、治療と予後

　難産の兆候が見られた時、獣医師は、初回陣痛からの経時的な変化を飼い主に尋ね、触診、内診、レントゲン検査などによって胎児の確認、または後産停滞なのかを判断します。自然分娩が可能なようであれば、陣痛促進剤の投与によって様子を見ます。また、胎児がすでに産道に入ってきている場合には、出産させるよう助産処置を施してみます。

　自然分娩が不可能であると判断した時には、速やかに帝王切開手術を実施します。判断よく帝王切開手術を実施した場合には、術後の経過も予後も良いはずです。

　帝王切開で胎児を摘出した場合、母犬は麻酔から覚めると子犬の面倒をすぐに見始めるのが普通ですが、初産犬の時には、母犬が麻酔から覚めても子犬の面倒をみようとしないことがあります。このような時には、子犬に乳首を咥えさせて乳を吸わせてみます。乳を吸われる刺激で、母犬としての本能が働いてくるはずです。

　それでも子犬の面倒をみようとしない時には、子犬を舐めさせる方法を考えてやってください。母犬の陰部から出てくる下り物や血液を子犬の体に塗りつけて、母犬の鼻先に持っていってやると、ほとんどの母犬はその汚れを舐め始め、子犬を舐めることを覚えてくれます。

　帝王切開をした犬は、その次の発情の時には交配をしないほうが良いといわれています。また、次の出産も帝王切開になる可能性が高くなるので、そのつもりで交配をしてください。

CHAPTER 4

天野　三幸

子犬の育て方

子犬といっても、大型犬や小型犬、生まれた時の状況、季節、屋内屋外、母親の性質など多くの条件があり、それぞれに対応が違います。当然、飼い主の手当もそれらの条件によって異なってきます。

1 保温

生まれたての子犬は、触っても冷たい感じがしますが、体温は母犬よりずっと低く35℃前後しかありません。母親と同じ体温になるには40日近くかかります。また、体温を一定に保つこともできず、室温によって変化します。あまり寒いともちろん元気がなくなりますが、逆にあまり暑くても子犬に負担がかかります。また、犬は高温が苦手ですから、母犬も暑さに参ってしまいます。室温は20℃くらいが適当でしょう。

母犬と一緒なら、母犬は出産後体温が上昇しますから、母犬のお腹の下で保温されます。しかし、母犬と離れ離れになったり、母犬が面倒を見ない時は室温の管理に注意が必要です。

自分で体温調節ができない乳児は、母犬のお腹の下で保温されますが、母犬と離れたときは要注意。室温の管理が必要です

2 排泄

生まれて2週間くらいは、肛門付近を刺激すると排泄をします。母犬が舐めて世話をする時は問題ありませんが、母犬の世話を受けられない時は、飼い主が世話をします。ティッシュなどをぬるま湯で湿らせ、軽く刺激すると尿も、便も出ます。一日に4～5回は排泄させる必要があります。終わったあとは、お湯でしぼったタオルなどでその周りをきれいに拭いてあげてください。

2週齢くらいまでは、子犬の排泄は母犬がなめて世話をします

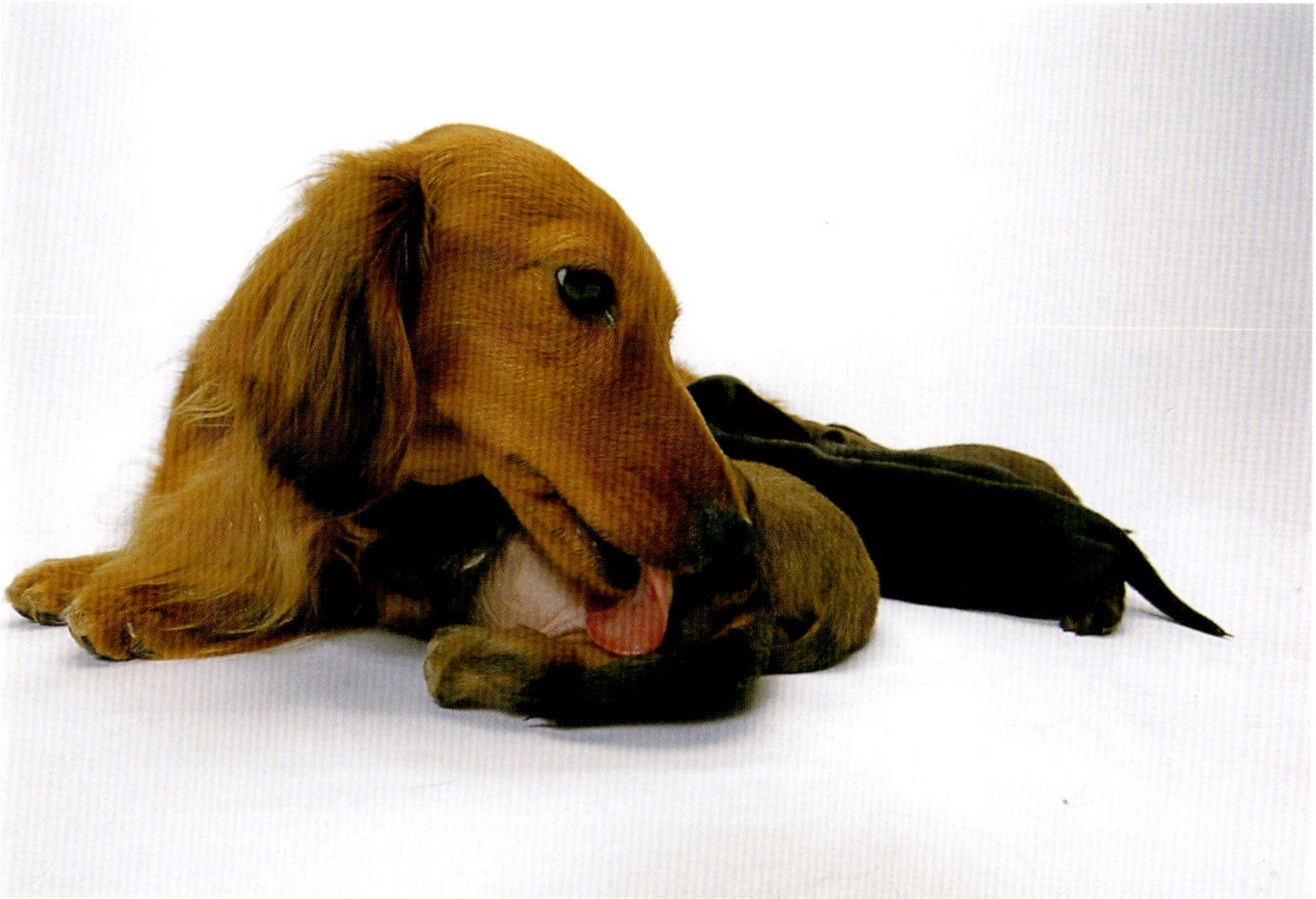

人の手で排泄の世話をする時は、ぬるま湯で湿らせたティッシュなどを使って、
軽く刺激を与えます

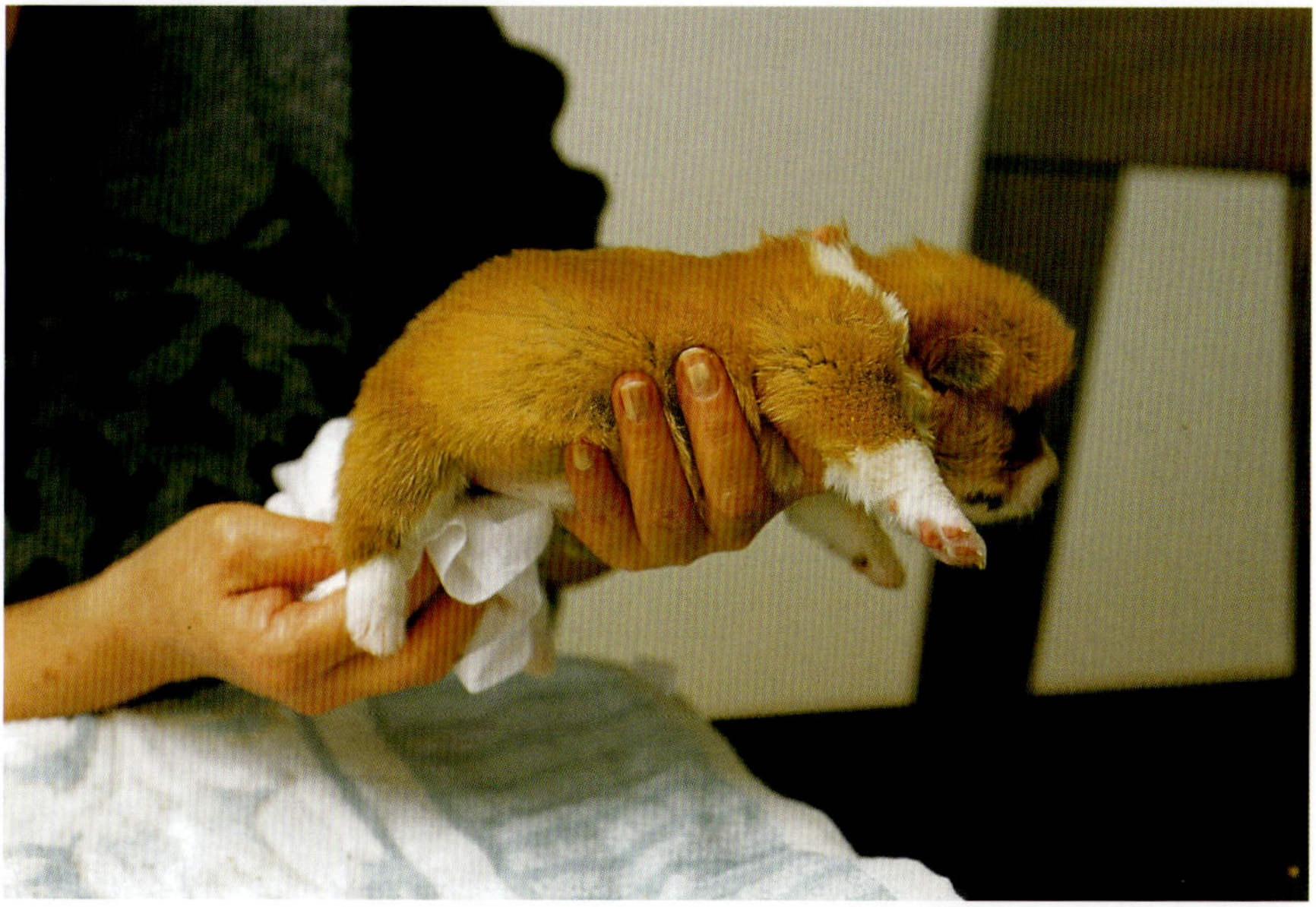

3 健康チェック

持ち上げた時に充実感があれば健康です。人の目は重さの検討をつけますから、子犬を持ち上げた時に思ったより軽ければ問題があると思ってください。もう一つのチェックポイントは、母乳を吸う力があるかどうかです。力がなければ人工哺乳になってしまいます。

体重も、もちろん健康のバロメーターです。犬種によって体重に違いがありますが、その犬種の生まれた時の標準体重よりあまりに軽ければ問題があります。また体重の増え具合も重要です。毎日決まった時間に体重を計りますが、最初の一日は体重が増えなくてもかまいません。が、二日目からは確実に増えることが必要です。体重が同じだったり、減ったりすれば、やはり健康とはいえません。子犬の体重は、どんな犬種でも生まれて2週間目には2倍になるのが普通です。

健康状態を知るために、毎日決まった時間に体重を測ります。写真は生後40日のジャック・ラッセル・テリア

4 哺乳と人工哺乳

生まれた子犬は、すぐに自分で母乳を求めて移動します。しかし、すべての子犬が母乳を飲めるわけではありません。飲む力がなかったり、兄弟の数が多いと、飲むことのできない子犬が出てしまいます。

母乳、とくに初乳はぜひ飲ませたいものです。初乳には母犬からの免疫が含まれていますが、その免疫の70～80％を生まれて数時間で受け取ります。その後減少していきますが、生後2日までは免疫を分泌します。もし子犬が初乳を飲まなければ、母乳を搾ってでも飲ませるほうがよいと思います。出産頭数が多く、お産が長い場合は、出産の途中でも初乳を飲ませます。免疫を受け取るという意味に加えて、陣痛が促進されるという効果もあります。

人工哺乳

人工哺乳は、母犬の母乳を完全に飲むことのできない場合、母乳が不足する時、母乳を飲ませてはいけない時、子犬が母乳を飲めない時などに行ないます。状況によって、完全に人工哺乳する時と、補助的に行なう時の哺乳があります。

ミルク

成長の早い犬の母乳と、牛乳や人用のミルクでは、成分に大きな違いがあります。タンパク質や脂肪は牛乳の倍近く含まれています。また、人用の粉ミルクを濃くすれば水分不足になります。もう一つの問題は、肉食動物は乳糖を分解するラクターゼをもっていませんから、牛乳や人用のミルクを消化できず下痢をしてしまうことになるということです。成犬の下痢ならそれほど重大なことになりませんが、子犬の場合2～3日下痢をするだけで大きく成長が遅れます。

哺乳ビン

大型犬では人用が使えますが、小型犬では犬猫用を使った方が便利です。人用も、健常児用と、少し小さな未熟児用があります。

乳首の穴は、クロスカットで最初から開いているものと、自分で開けるものがあります。自分で開ける時は、ようじを内側から入れて押し、伸びたところで先端を鋏で切ります。この場合、穴を大きくしないことがポイントで、逆さにしてぽたぽた落ちるくらいだとむせてしまいます。

あくまで哺乳ビンは子犬が自

各母乳の成分比較 (Baines、1981)

	犬	牛	山羊	猫
水分%	77.2	87.6	87.0	81.5
乾燥重量%	22.8	12.4	13.0	18.5
タンパク質%	8.1	3.3	3.3	8.1
脂肪%	9.8	3.8	4.5	5.1
灰分%	4.9	5.3	6.2	3.5
ラクトース%	3.5	4.7	4.0	6.9
カルシウム%	0.28	0.12	0.13	0.04
リン%	0.22	0.10	0.11	0.07
エネルギー	135	66	70	106

（kcal／100g）

タンパク質4kcal/g、脂肪9kcal/g、ラクトース4kcal/gで計算した
資料：ウォルサムペット栄養総合研究所発行「犬と猫の栄養学」より

分で吸って飲むことが前提です。吸う力が強いと、哺乳瓶の中が陰圧になってミルクが出なくなります。一度離すと空気が入って元に戻りますが、吸う力がない時は、陰圧になるくらい吸うことができませんから、哺乳ビンの肩のところに小さなピンホールを開けると楽に飲むことができます。

完全に吸う力がない時は、カテーテルによる哺乳も考慮する必要があります。子犬の大きさによっても違いますが、普通の大きさなら8フレンチ（外径3㎜ぐらい）の太さのカテーテルを口から胃まで入れます。

最初は気管に入りそうで心配ですが、口から胃までの長さのところにマジックインキで印をつければ必ず胃に入ります。詳しい方法については、動物病院で指導を受けてください。

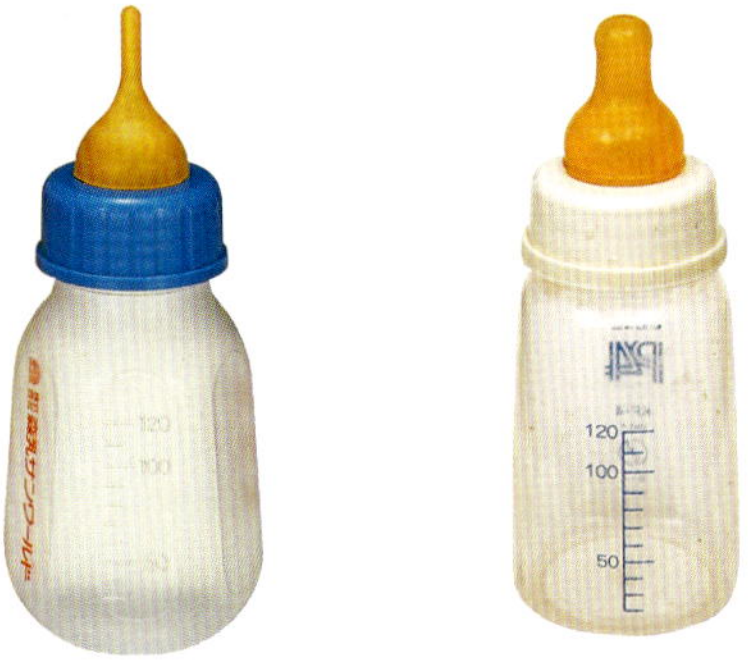

哺乳ビンは小型犬なら犬猫用(左)を。大型犬なら人間用が使えます

母乳が充分に飲めない場合は人工哺乳が必要です。子犬がむせないよう、また空気を飲ませないよう、飲ませ方にも気をつけて。注射器やスポイトも利用できます。生後7日目のウェルシュコーギー

生後21日目。人工哺乳でも順調に成長しています

飲ませ方

飲ませる前に排尿、排便をさせます。ミルクは人肌程度に温めます。弱っている時や消化の悪い時は、最初は標準より薄めにしたり、少量のブドウ糖をミルクに混ぜます。飲ませる時は、子犬を手のひらで包みこむように片手で持ち、もう片方の手でミルクを飲ませますが、この時、水平よりやや上方に向かせるように少し角度をつけたほうが飲ませやすいようです。

この時に、いつも乳首の中にミルクが入っていることが大切で、空気を飲ませることは避けてください。子犬がミルクを飲めば空気が哺乳ビンの中に入りますから確認できます。子犬は満腹になれば乳首を離し、そのまま寝てしまうこともあります。また、長く乳首をくわえていても必ずしもミルクを飲んでいると考えないでください。飲めずに長い時間くわえ疲れて離すことも多いものです。

一日の哺乳の目安

完全な人工哺乳と補助的哺乳では、必要量が違ってきます。補助的哺乳では、あくまで母乳を優先することを考えます。子犬の体重を毎日計っていれば、体重が増えることによって、足りていることが確認できます。体重を計らない場合は、元気で力強く動いていれば問題はありません。量の目安は、最初は体重の15〜20%、生後7日目頃から25%、15日からは30%くらいが標準でしょう。

完全哺乳の場合は、大きさや健康状態により異なっていますが、大型犬で子犬が元気なら一日4〜5回でかまいません。しかし、小型犬や元気のない子犬はまだ回数を多くします。

3週齢くらいになると乳歯が生えはじめ、そろそろ離乳の時期に。右は生えはじめの乳歯、左は生え揃った乳歯

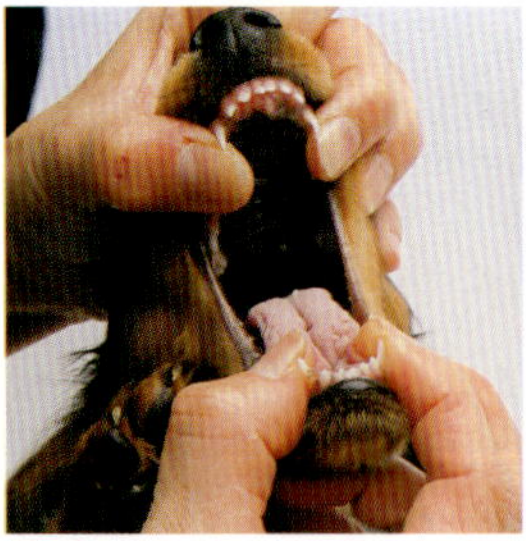

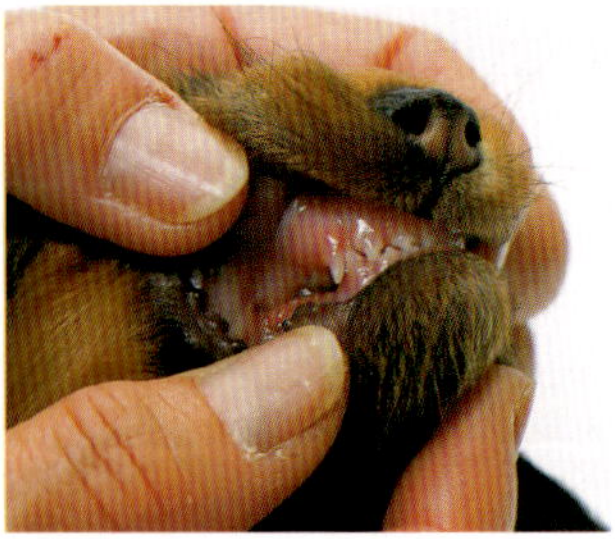

離乳食は、子犬の食べ方や便の状態を見ながら、少しずつ回数と量を増やしてゆきます

幼犬用ドライフードを犬用粉ミルクを溶いたものに浸して、離乳食を作ります

5 離乳と離乳食

離乳の時期

母乳を吸う口唇反射が消え、乳歯が生える3週間目ぐらいになると、子犬は乳首を噛んだりするようになります。母犬も授乳を嫌がり、子犬を軽く噛んだりして哺乳を終わらせます。野生の状態や犬らしい犬だと、この頃、母犬が半分未消化の食べ物を吐いて子犬に食べさせます。こういった方法が離乳の基本ですが、人と暮らす犬たちには、こんな行動は残っていません。

普通は3週間目頃から離乳食を与えますが、成長の早い大型犬は、栄養価の高い良質のタンパク質を多く必要とするので、早めに離乳食を与えることがあります。また、人工哺乳の子犬でも、2週間目頃から開始してかまいません。母乳を長く与えても、離乳を早目に与えても、成長にはあまり関係ありません。

離乳食

子犬の成長に必要なタンパク質が豊富に含まれていて、柔らかく消化が良く、なおかつ高カロリーな物が離乳食に適しているといえます。

具体例としては、

☆少し濃いめに溶いた粉ミルクに幼犬用ドッグフードを浸し、柔らかいペースト状にした物

☆牛の赤身の挽肉を七分粥に混ぜた物

☆白身の魚を煮てお粥に混ぜ、煮干しの粉や粉チーズなどをふりかけた物

などがあげられます。

また、以上のようにドッグフードを犬用粉ミルクでふやかし

100g当たりのエネルギー（kcal）	
牛の赤身	196
ご飯	168
鶏肉	135
全がゆ	71
チーズ	311
五分がゆ	36
牛乳	67
おもゆ	21

離乳期に必要なエネルギー	
体重（kg）	（kcal）
1	270
5	920
10	1540

（アメリカ科学アカデミーNRC1974年版、payneより）

たものに肉類を混ぜ、栄養を高めて離乳食にしてもよいでしょう。毎回離乳食を作る時間がない方は、多めに作って1回分ずつ冷凍保存し、使用する時に電子レンジで解凍して与えることもできます。最近では、最初から子犬の離乳食として売られているものもあります。注意してほしいのは人用ベビーフードで、成分的に適さないものが入っているため、使用してはいけません。

離乳食の与え方

まず離乳食に慣れさせせなくてはなりません。一般的なのは、子犬の口の周りに塗りつけ、舐めさせて味を覚えさせる方法です。他に上顎になすりつける方法などいろいろ考えられますが、牛の赤身のミンチなど、少量ずつ口の中に入れても意外と食べてくれます。あせらず気を長く持って与えましょう。

補食の回数は、1～2日目は1回、3～4日目は2回というようにだんだん離乳させていき、1週間から10日ぐらいで（4～5回）完了するのがよいでしょう。

1回の量は少しずつにし、食べたら与え、食べなくなったらやめるというようにし、便の状態も考慮しながら徐々に増やしていきます。

最初は離乳食を子犬の口の周りに塗りつけてなめさせ、味を覚えさせます

トーイ・プードル

ケイヒンミモト犬舎　三本正子

トーイ・プードルのシルバーの成犬。写真は代表犬のJKC・CH ケイヒン ミモトズ ウィンディフロウズ FCI「アベル」

生後２カ月の子犬。コートは成犬になると、上の写真のようなシルバーになります

生後0日〜20日

●子犬は同胎であっても時に50ｇ以上の差が出るときもあります。●子育てはほとんどが親任せの時期ですが、とくに小さい子、母乳の飲みの悪い子には、人口哺乳します。●７日前後に断尾、狼爪切除をします。

生後20日〜40日

●離乳時にも食べの良い子、悪い子といるので注意します。離乳食は充分お湯でふやかしたフードを１日2〜3回与えます。食が悪い時などは、ミルク、缶詰などを加えます。母乳と並行して行なうため、母乳の飲みの良い子は食が細くなりがちになります。●体が小さいから、食が細いとは限らないので、注意します。健康状態は、動き、食事の量、便の状態に注意し、とくに便の状態が悪い時は消化酵素や、栄養剤などを与えます。

生後40日〜60日

●離乳の進み具合により、親を子犬から離します。便の状態に注意し、離乳食の量を調整し、食の細い子には栄養剤等を与えます。●駆虫もこの時期に行い、口の周りの汚れや、便によりお尻がふさがることもあるので初めてのバリカンを顔、お尻に入れます。●60日目に健康状態を考慮し１回目の予防注射をします。

生後60から120日

●当犬舎では、60日前後で子犬を手放すため、この時期における育児はほとんどありませんが、行き先でのホームシック等による体調不良時には、預かり50日目ぐらいの育児法に戻し、体調を立て直します。

トーイ・プードルの成長データ（ケイヒンミモト犬舎）

体重（g）

	0日	10日	20日	30日	40日	50日	60日	
A（雄）	120	240	480	680	790	870	920	
B（雌）	130	230	380	480	570	700	760	
C（雄）	120	250	400	580	680	770	830	

犬種別・子犬の成長データ

ミニチュア・ダックスフント

スターフリート犬舎　鈴木好美

ミニチュア・ダックスフント（ロングヘアード）の成犬。ＪＫＣ・ＣＨ,スターフリート・エグゼクティブシルバー（雄）

生後５カ月の子犬時代のエグゼクティブシルバー

生後0日（誕生）

●初乳がきちんと摂取できるように、子犬の頭部を支えて授乳の補助をします。吸い付きの弱い子には若干、人工乳での哺乳を。

生後10日

●母犬の乳腺が、一部張りすぎている箇所があるので、マッサージをします。●子犬が平均して授乳できるように、授乳位置を時々変えます。

生後20日～30日

●ほとんど母乳で育った子犬は、離乳がいくぶん遅いので、人工乳を与えながら粥状の離乳食から徐々に開始します。

生後50日

●子犬が母犬の食事に興味を示すようになったので、堅い牛筋やアキレス、チュートーイ等遊び道具として与えます。●食事は、柔らかくしたドライフードに２０％の肉類を加えた物を１日３回。犬用ミルクを１日２回食後に食器から飲ませます。

生後70日

●食事は、堅いままのドライフードに20％の肉類を加えたものを１日３回。犬用ミルクを１日１回。●親子、兄弟での遊びを充分させます。●体長の伸びがこの頃から顕著になります。

生後90～120日

●食事は１日３回、昼は犬用ミルク。●充分な社会性を養い、ショーマナーのトレーニングを開始します。

ミニチュア・ダックスフントの成長データ（Star Fleet犬舎）

体重（g）	0日	10日	20日	30日	50日	70日	90日	120日
A（雄）	220	480	760	1100	1680	2340	2960	3540
B（雌）	210	425	680	880	1360	1880	2420	2960
C（雌）	205	385	600	820	1345	1885	2385	2845
体高／体長（cm）								
A（雄）						14／26	15.5／29	16／31
B（雌）						13／22	14.5／26	15.5／29
C（雌）						13／23	14.5／27	15／29

顔をしかめています。●２種混合ワクチン接種。

生後50日

●お腹を上にして満腹状態で寝ています。

生後60日

●体高、体長とも増加。しぐさは一人前の大人です。可愛くなって、将来が楽しみ。良きファミリーと出会うことを楽しみに、健やかな成長を祈ります。

ジャック・ラッセル・テリアのコートは、毛の短い順にスムース、ブロークン、そしてラフの３タイプ。成犬になるまで、どんなコートになるか、正確にはわかりません。写真は代表犬AUST.CH.サンフォード・パンドラ（雄）

子犬の頃からテリアらしくとても活発、そしてやんちゃです。生後40日

ジャック・ラッセル・テリア

イソップ犬舎　小原　紀

生後0日

●産室を15℃に保つよう暖房。すきま風は母子共に悪影響をおよぼすので、目貼りなどをして防ぎます。●１頭目がコロがり出るように元気に出産。母犬は素早い動きで袋を破り、へその緒を除去と、手際良く始末をします。初めてのお産なのに!!　本能のなせる業なのでしょうか。そして、子犬は母犬そっくりの雄。毛色、模様、毛質とこうも似るものでしょうか。子犬は母犬に なめ回され、ギャッと元気な声を発します。鼻頭、口のまわりが真っ赤。●１時間後、今度は雌でいくぶん小粒の子、さらに雄と、続けて出産。それぞれいたって元気。計量をします。出産前に獣医さんでエコーを撮ってもらった際、３頭だったので、どうもこれ以上はいないようです。●母犬にベータカロチンと特別の玉子入りフードを与えると、喜んで食べます。子犬たちは母犬の乳を元気良く飲んでいます。●生後３～４日で獣医師に断尾を頼みます。3.2ないし3.5㎝残して断尾（オーストラリア基準）。

生後10日

●体重は倍くらいに。床暖房も入れているので、暖かさはもとより、乳量も多く、みんな良く発育しています。●すでに目まで薄目を開いていて、すごい成長ぶりです。

生後20日

●離乳食を始めます。母犬の面倒見の良いこと！

生後30日

●母犬が子犬たちに「うるさい」と、教育を始めます。

生後40日

●離乳も進み、食欲もあり、体重が増えてしぐさも大人びてきます。母犬は授乳させますが、痛いのか

（表）ジャック・ラッセル・テリアの成長データ（イソップ犬舎）

体重（g）								
	0日	10日	20日	30日	50日	60日	90日	120日
A（雄）	210	400	600	1,000	1,700	1,900	2,900	3,500
B（雌）	220	450	650	1,100	1,850	1,950		
体高／体長（㎝）								
A（雄）			10／10.5	13／10.7	15／20.5	20／20.5	22／27.5	22／27.5
B（雌）			10.3／10					

●新しい家庭に旅立つ時期。環境が変わっても、食欲が落ちずに十分食べられるよう、新オーナーに食事内容や与え方、クセや毎日の習慣などを詳しく説明します。●1回目のワクチン接種をします。

生後90日

●2回目のワクチン接種。●この月齢で、正確な体高を測ります。将来のサイズの決め手となる最も重要な時期です。

生後120日

●体型は手足が伸びる一方、毛吹きはまだ揃わないので、かっこう悪い時期ですが、180日くらいになると毛並みも揃い美しく、やっとシェルティらしくなります。●フードはドライで良くなります。野菜（葉ものや大根、イモ、かぼちゃなど）と肉を少量混ぜて煮込んものが大好き。チーズなどの乳製品、上質の蛋白質は十分に与えましょう。●この頃から、歩き方やマナーなどを少しずつ教えます。

シェットランド・シープドッグの成犬は、豊かなダブルコートに覆われています。写真は代表犬サンディ・オブ・チャームヒル・ウチノ（雄）

生後50～60日の子犬。被毛は、まだ短く柔らかな産毛です。胸や足のエレガントな飾り毛もまだありません

シェットランド・シープドッグ

チャームヒル犬舎　内野見伃子

生後0日（誕生直後）

●子犬が数頭生まれて、みんな同じくらいの大きさであることが望ましいのですが、1頭くらい、とくに小さな子がいるものです。発育の悪い子は母乳の吸い付きも悪いので、手で支えて乳首に吸い付かせ、指で乳首を絞ってやります。お腹がパンパンになるまで飲ませたら、この子だけ暖かい場所に別にして、他の子犬たちを母犬に付けます。

生後10日

●自力で乳を飲めなかった子犬も順調に体重が増え、他の子犬といっしょに母犬に付けて乳が飲めるようになれば安心です。

生後20日

●目がすっかり開き、表情が豊かになって大変可愛くなります。●3週間目に駆虫をするので、獣医さんに検便をしてもらい、もし虫卵でもいたら、虫下しを与えます。

生後30日

●21日目頃から離乳食に入るので、ミルクを加えるとペースト状になるフードや、小粒のドライフードを湯（90℃くらい）で柔らかくふやかしたものを、1日3回くらい与えます。

生後40日

●歯も可愛く揃ってくるので、フードの湯量を少なくし、やや芯があるくらいにします。ドッグフードは栄養のバランスが良いので、混ぜ物をしない方が良いでしょう。

生後50日

●食欲旺盛で活発に動き、体重はどんどん増えます。

生後60日

（表）シェットランド・シープドッグの成長データ（チャームヒル犬舎）

体重（g）								
	0日	10日	20日	30日	50日	70日	90日	120日
A（雄）	260	650	1,200	1,900	3,100	4,150	4,900	6,400
B（雄）	230	530	930	1,480	2,800	3,600	4,200	5,900
C（雌）	180	420	750	1,150	2,050	2,700	3,600	5,500
体高／体長（cm）								
A（雄）						28.5／32	30／33	32／34
B（雄）						27.5／31.5	29／31.5	31／32.5
C（雌）						27／30	28／30.5	30.5／32

チンを接種。
●この時期、急な成長や体重の増加は、トラブルの原因になりやすいかもしれません。

ゴールデン・リトリーバーの成犬。写真は代表犬のJKC.ch.グンマフクシマズ・テークバイストーム（雄）

生後90日のゴールデンの子犬。見るからに大きくなりそうな太い足をしています

ゴールデン・リトリーバー

グンマフクシマ犬舎　福島則子

生後0日

●母犬は2歳半の初産で、元気に6頭の子犬を出産。母乳も充分に出て、落ち着きのある母犬なので順調に発育。6頭のうち観察対象の3頭（A、Bが雄、Cが雌）は全員、授乳意欲あり。●冬の出産のため、生後3週間までは保温に充分注意。子犬は、背中よりお腹を冷やさないことが大切です。●産室は1坪、前に運動場があり、母犬を1日4～5回、短時間自由に遊ばせます。産室には大きめのパネルヒーターを置いて、低温やけどを防ぐため上にカーペットを敷き、母犬がヒーターから逃げられるよう、設置場所も工夫します。

生後10日

●3頭とも、この頃までは、見た目では大きさなど変わりません。

生後20日

●母乳が多く出るよう、母犬に薄めたミルクを与えます。子犬たちは、人工哺乳をしなくても母乳だけで充分に発育しています。

生後25日

●離乳食を開始。良質の子犬用ドッグフードを柔らかくふやかし、粉ミルクを入れて1日2回与えます。
●検便をして寄生虫の有無を確認。

生後30日

●順調に体重も増えます。
●食事の中に総合ビタミン剤の粉末を加えます。

生後40～50日

●子犬たちだけの生活が始まります。
●駆虫のしかたで成長に大きな差がつくので、検便をし、正しい駆虫をします。その後、1回目のワク

（表）ゴールデン・リトリーバーの成長データ（グンマフクシマ犬舎）

体重（g）								
	0日	10日	20日	30日	40日	50日	70日	120日
A（雄）	450	870	1,450	2,300	3,000	4,800	8,500	10,500
B（雄）	480	930	1,460	2,320	3,100	4,900	8,700	10,800
C（雌）	450	860	1,430	2,290	2,800	4,600	8,300	9,800

ジャーマン・シェパード

バイコウソウ犬舎　根本一志

生後０日

６頭出産した中で、発育の大きい順にA、B（ともに雄）、C（雌）として３頭の子犬の発育過程を記録。最も適した繁殖時期、春の出産となりました。●A、B、Cの３頭とも元気良好。

生後10日

●発育良好。A、B、Cとも同様の体重増加が見られます。母犬の産後の状況も良く、食欲旺盛。母子ともに良好な状態といえます。

生後30日

●一回目の駆虫。●体重の増加が著しく目立ってきます。●この時期から、母乳と併用して、以下のような離乳食を与えます。☆一頭あたり牛ひき肉20g、卵黄半個、ミルク、離乳用フードを混ぜ、１日３回

生後50日

●食欲はかなり旺盛で、母犬の母乳だけでは足りなくなります。食事の内容は、牛ひき肉100g、卵黄１個、ミルク、子犬用フードに。●A、Bは雄なので少しずつ雌のCと体重差が出てきます。A、B（雄）は父犬に似て顔頭部が大きく、骨量も太い一方、C（雌）は母犬に似て若干雄たちより骨量が細いようです。カルシウム剤を添加。●天気の良い日には、１～２時間程度、日光浴をさせ、毎食後確認して消化状況を判断しながら食事内容、分量などを検討します。

生後60日

●母犬から完全に分けて管理します。とくに雄の場合は、骨量を太く、四肢のしっかりした状態になるよう管理しなければなりません。過重になると前足根関節、股関節などに負担をおよぼすので注意が必要です。●２回目の駆虫。１週間後、第１回目のパルボワクチン接種。

生後90日

●ジャーマン・シェパードの子犬の標準体重は、90日で12kg。A、B（雄）は順調。C（雌）は若干少ないものの、タイプ上問題はありません。●できるだけ子犬と接触する時間を作り、ボールなどで物品意欲をつけながら、快活な性格の安定した子犬に育てます。

ジャーマン・シェパードの成犬。1995年度の日本チャンピオン（PD）に輝いたクヴィック.v.バイコウソウゾーン

生後２カ月目を迎えたシェパード犬の子犬。大型犬の子らしく、がっしりしています。

（表）ジャーマン・シェパードの成長データ（バイコウソウ犬舎）

体重（g）								
	0日	10日	20日	30日	50日	70日	90日	120日
A（雄）	650	1,450	2,550	3,330	6,800	9,800	15,000	20,500
B（雄）	600	1,100	2,100	2,900	6,500	8,900	12,800	18,500
C（雌）	550	970	1,500	3,200	5,000	7,200	9,800	13,000
体高／体長（cm）								
A（雄）						36／44.5	43.5／51	49／58
B（雄）						34.5／43	43.5／50.5	48／58.5
C（雌）						33／41	40／48.5	44.5／54

愛犬の交配・出産カレンダー

（無発情期）

【交配相手を探す】 相手が見つかったら、遺伝性疾患の有無や血統について確認し合います。
【交配の予約】 交配相手の飼い主と、交配料や子返しについて、交配の回数などを取り決めます。できれば、事前に犬同士を会わせ、相性や関心度を確認しておきましょう。
【かかりつけの動物病院で健康診断】 外部寄生虫、内部寄生虫をチェックして駆虫。ワクチン接種も済ませておきます。

（発情前期） 交配日直前

【発情出血の開始】
【交配日を予約】 出血、外陰部の腫大、尿の回数の増加など、発情徴候が表れたら、交配相手と連絡をとり交配日を予約します。
【コートの手入れ】 長毛犬種では、外陰部や尾根部の被毛が交配時の妨げになるので、はさみやバリカンなどで周囲を事前にカットしておきましょう。

（発情期） 交配日

【雄犬の家へ】 体調に充分気をつけ、出かける前にグルーミングや排尿、排便を済ませておきます。相手の家に到着後、雌犬をリラックスさせるためにも、交配前に家の周りを歩かせもう一度排尿、排便を済ませます。
【交配証明書】 生まれてくる子犬の血統書を作成するために、交配証明書が必要になりますので、必ず種雄所有者からもらっておきましょう。

（妊娠初期）

【運動を控える】 受精卵が子宮に着床する前のこの時期、無理な運動やシャンプーは控えめに。
【食事の管理】 食事回数は一日1回～2回、以前から食べていた成犬用フードで充分ですが、栄養バランスのよいものを。偏食の場合は、かかりつけの動物病院で食事の指導を受けてください。
【食欲減退】 着床の頃、一時的に食欲が落ちることがありますがすぐに回復してきます。

（妊娠中期）

【着床】 受精卵が子宮に着床して、安定時期を迎えます。適度な運動なら行なってもよいでしょう。
【食事の切り替え】 着床の頃、一時的に食欲が落ちることがありますがすぐに回復してきます。普段の食事から妊娠授乳期用のフードに、徐々に切り替えてゆきます。

（妊娠後期）

【高所に注意】 適度な運動は続けてもよいですが、高いところや階段の上り下りには流産の危険があるので注意を。
【食事の増量】 胎児の成長に伴って、食欲旺盛に。食事は普段の3割増を量を一日3回～4回に分けて与えます。
【超音波検査（妊娠1カ月過ぎ）】 超音波検査で、子宮、胎嚢、胎児が確認できます。
【被毛の準備】 出産時に汚れる外陰部や尾根部の毛を短く切っておきます。出産後、子犬が母乳を吸いやすいよう乳腺周囲の毛も同様に。
【X線撮影】（妊娠50日過ぎ） 出産予定日の4～5日前くらいになったら、かかりつけの動物病院でレントゲン検査を受け、胎児の頭数、大きさ、骨盤の状態などを確認します。

（妊娠末期） 出産当日 交配から58日～63日／着床からおおむね40日

【産室の準備】 産室を準備し、出産予定の1週間くらい前からそこに入る練習をさせ、慣らします。
【備品の準備】 出産に必要な備品を準備しておきます。
【体温測定開始】 出産予定日の数日前から、朝と夕方の2回、母犬の体温を測定してノートに記入しておきます。
【体温低下】 出産の2日くらい前から体温が徐々に下がってきます。
【1時間ごとの検温】 出産間近には37℃以下にまで下がり、そこから元の体温に戻り始めます。下がり始めたら1時間おきに検温を。最も体温が下がった時点から約10時間後に出産。
【食欲低下】 分娩12～24時間前になると食欲が無くなり、軟便または下痢便をするようになります。

【出産】 陣痛が始まりだんだん強まります。腹部の収縮を伴う第2陣痛がはじまって、平均48分で第一子を出産します。続いて10分～5時間ごとに出産。必要ならば助産、または獣医師に相談しましょう。

CHAPTER 5

野矢　雅彦

形成術について

1 形成術の歴史

長い犬の歴史の中で、多くの犬は使役に使われ、その用途により断尾や断耳が行なわれてきました。その歴史は古く、狩猟やさまざまな作業中の怪我を少なくする目的であったり、犬同士での争いによる怪我を予防するための目的であったり、また、犬を断尾しておくと狂犬病にかかりにくいと信じられていたりと、いろいろな理由で形成術が施されていました。

また、中世の王室をはじめとする貴族たちは、犬の外観の美しさを追い求め、その手段の一つとして形成術を施していたのです。外観の美を追求するためや、使役犬としてより使いやすいようにするために、人間が改良を加えていって犬種を固定するようになり、これらの結果としてほぼ固定された犬種を純血犬種と呼び、目的なく交尾し、生まれてきた雑種犬と区別するようになりました。

その後、犬種ごとに、よりよい改善を求めて改良が加えられ現在に至っているのです。

今では、それぞれの犬種はケネルクラブによって管理され、各クラブのスタンダードとなる外観と気質があります。その改良は時として、自然界では短所とされることが好ましいとされることもあります。例えば、極端に短い鼻や過剰なシワ、短く曲がった足、巨大な頭、極めて小さな体などが挙げられます。

しかし、目的とする改良点を追求していくと、今まで苦労して改良してきた点が損なわれてしまうことがあります。こうした「遺伝子の中に組み込めないけれども、この犬種はこうしたほうが美しい」という人の好みや時代の流行から、その美的外観を追求するために形成術という方法が選択されてきました。

今日では、このスタンダードは何の違和感もなく受け入れられているので、新しい飼い主の中には断尾されたことをまったく知らない方もいるくらいです。スタンダードとは、犬種改良によって人間にとって都合のよい犬を繁殖して作り出されるものですが、それはその時代の流行や考え方に左右されます。

その一つとして、イギリスやフランスを中心にヨーロッパ諸国やオーストラリアでは、これまで断耳や断尾を施すことがスタンダードといわれた犬種も、動物愛護精神に基き、これらの形成術をなくそうとする動きが活発になってきていることが挙げられます。獣医師がこれらの

シュナウツァーは断尾と断耳、スパニエルやテリア種は、断尾することがスタンダードで規定されていますが、今後は禁止の方向へゆくかもしれません。2.5カ月のM・シュナウツァー

処置（特に断耳）を動物虐待行為であるとして、全面的に禁止する時代も近いのではないでしょうか。

犬たちは、人間とのコミュニケーションの中で、顔の表情だけでなく耳の位置や動き方、尾の位置や振り方によって喜びや悲しみ、恐怖や怒りなどの感情を表現しているのです。人間の好みのために安易に形成術を行なうことは、犬にとって迷惑以外の何ものでもない行為といえます。以上のことを踏まえた上で、形成術についてお話ししましょう。

2 形成する目的

犬を形成する目的には機能を改善することを目的にしている場合と、現在では否定されつつある、外見をより美しく見せることを目的としている場合の2通りがあります。前者では、先天性の奇形など生まれつき、あるいは発育途中に起こった形態的異常の中で形成術を行なうことによって生活を楽にしてあげられるもの、例えば軽度の口蓋裂、臍ヘルニア、そけいヘルニア、眼瞼内反症、先天性膝蓋骨脱臼その他があります。

後者はいわゆる美容形成ですが断耳、断尾、狼爪切除、欠歯部位の歯の移植、潜在睾丸の強制下降などがあります。機能改善を目的とした形成術はその子の生活の質の改善ですからよいのですが、美容形成については前述したように動物愛護の面から是非が問われており、断耳はすでに欧米では否定されつつあります。

断尾されたイングリッシュ・スプリンガー・スパニエル。猟犬や牧羊犬の作業中の怪我を軽減するなど、かつては断尾や断耳には実用的な目的もあったようです

このシャーペイの子犬のように、よりシワを深く、より鼻ペチャに…と、人間の好みに添って極端な外観に変えられてきた犬種もいます

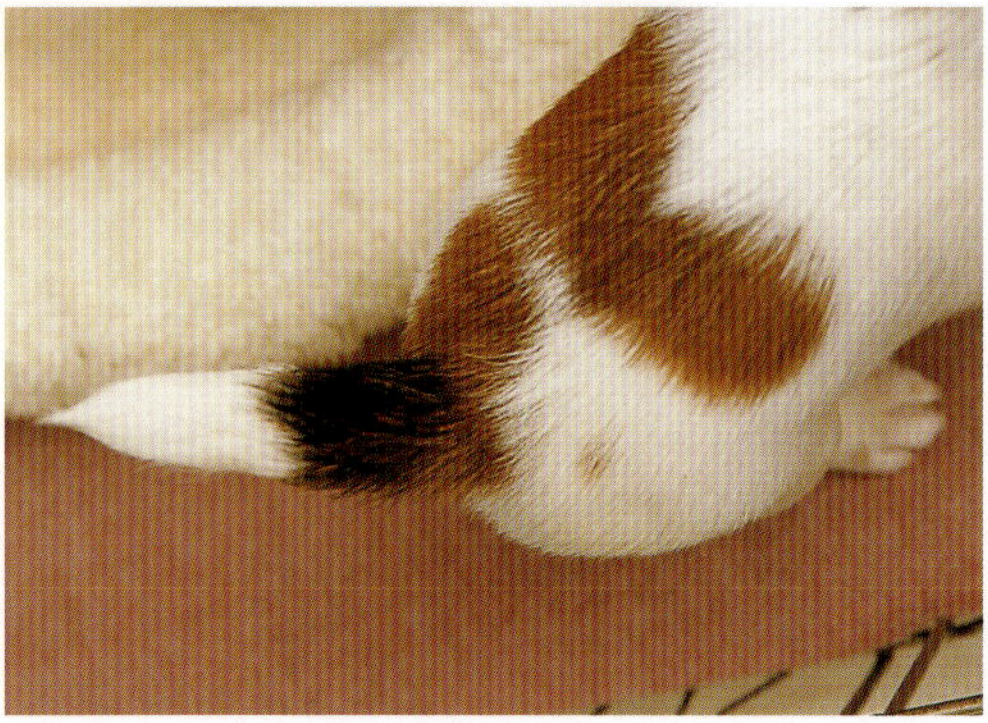

断尾と狼爪切除は、神経が充分発達する前の１週齢以内に行なうため、子犬には辛い記憶として残らないといわれますが……

3 美容形成の是否

断尾と狼爪切除は生後１週間以内に行なうため、子犬の記憶には残らないといわれているので、個人的には行なっても良いと思います。しかし、断耳においては生後３カ月頃に手術を行ない、しかも外からの固定を数カ月以上行なうので、子犬にかなり辛い思い出を残すことになる可能性があるとともに、長期に及ぶ固定の刺激によって痛みや外耳炎を引き起こすため、賛成のできる手術ではありません。耳の痛みは、痛みの中でもかなり強い痛みと言われています。あなたの耳が切断されることを想像してみてください。あなたの想像した痛みと同じ痛みを愛犬に味わわせることができますか。

ドッグショーに出す予定がないのであれば、断耳について検討しなおしてみてください。断耳をしていない犬もなかなか可愛いものですよ。

欠歯と潜在睾丸などの形成術についても、一見、機能的改善を目的としているようにも見えますが、実際には美容形成を目的としている場合がほとんどといってよいでしょう。外観はとても素晴らしいにもかかわらず、欠歯や潜在睾丸のためにドッグショーでは失格になってしまうといった犬が、ショーでタイトルを取るための不正な手段として、形成手術の対象とされていることがほとんどだからです。

形成術を行なう以前に、そもそも欠歯や潜在睾丸の犬は品種改良をしていく上で繁殖に用いてはならないのですから、こういった犬は去勢手術を受けさせてパートナードッグとして可愛がってもらうほうがよいのです。

ちなみに、潜在睾丸は、高齢になってから腫瘍化しやすいので注意する必要があります。

潜在睾丸が皮下にあって触れる場合は、睾丸が大きくなってきたことに気がつきやすいので、去勢手術をしなくとも、ときどき大きさを観察していれば手遅れにならずにすむのですが、腹腔内の潜在睾丸の場合は、睾丸がお腹の中にあって目で見えないために腫瘍化した睾丸に気がつくことは難しく、気がついた時にはすでに手遅れになっているケースがあります。

腫瘍となった睾丸は、それまで主に男性ホルモン（テストステロン）を分泌していたものが

断尾・断耳されたドーベルマン。断尾に比べ、断耳は 3 カ月齢頃に行なうため、子犬に強い痛みを与えるといわれます。欧米では、これらの美容形成術を禁止する動きが高まっています

女性ホルモン（エストロゲン）を過剰に分泌し始めます。その結果、エストロゲンの副作用である骨髄抑制（血液を造る働きを妨げる作用）が強く働き、骨髄は再性不良性貧血の状態に陥ります。そして再性不良性貧血に陥ると、治療に反応する可能性は極めて低く、ほとんど死亡してしまいます。

　睾丸腫瘍を早めに発見するには、エストロゲンの影響によって引き起こされる女性化に、いかに気がつくかです。女性化として見られる現象としては、腫瘍化していない側の睾丸やペニスの萎縮、乳頭や乳腺の発達などで、時として乳汁の分泌が見られることもあります。しかし、女性化に気がついた時には手遅れということもありますので、心配し続けているよりは発症する前に睾丸摘出術を受けておくのもよい方法です。

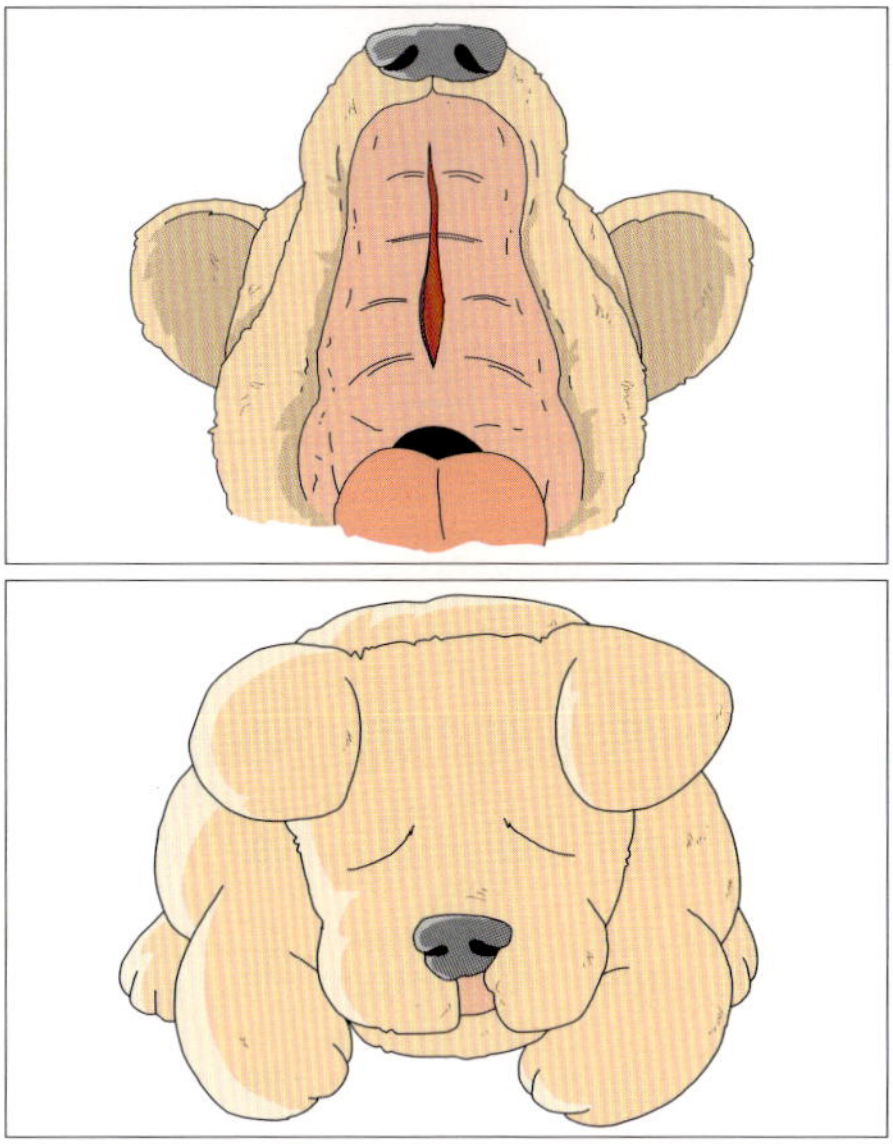

（上）【口蓋裂】　硬口蓋に穴が開き、鼻腔と口腔がつながっている状態。呼吸や食事がうまくできず、子犬に不快感を与えます
（下）【口唇裂】　鼻と口唇が裂けている奇形です。口蓋列とともにこの症状が見られた場合は、安楽死させることになるかもしれません

狼爪とよばれる後ろ足の内側にある過剰趾は、グレート・ピレニーズやセント・バーナードの一部の犬種を除いて一般に生まれてすぐ切除します

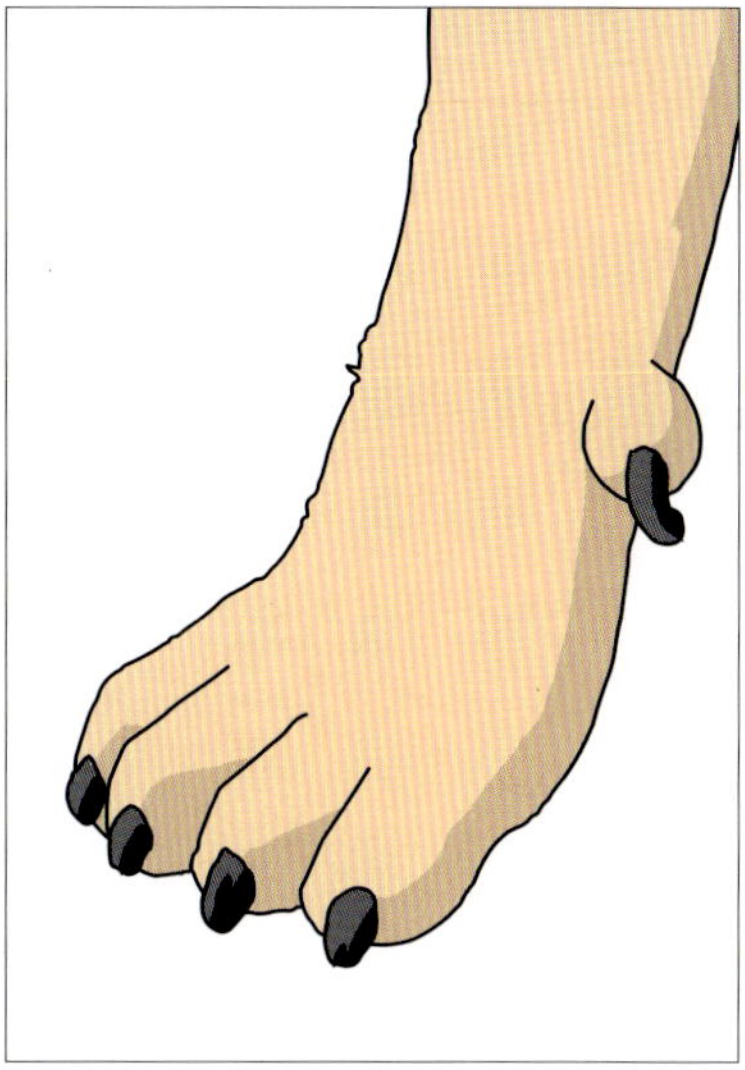

4 機能改善のための形成術

次に機能改善を目的とした形成術の対象となる先天性疾患について簡単に触れておきましょう。

口蓋裂

上顎の鼻腔と口腔とを分けている骨の癒合不全によって、硬口蓋に穴が開き、鼻腔と口腔がつながっている状態です。そのために呼吸がうまくできなくなったり、食べたものが鼻につまったりして不快感を生じてしまいます。この穴を塞ぐ手術を受けることによって不快感を取り除き、快適な生活を過ごすことができます。ただし、あまりにも大きな穴で塞ぐことができない場合や、穴を塞ぐことができたとしても、くしゃみや鼻水が止まらずに不快感を改善できない場合もあります。手術を受ける時期は、できる限り早い方が良いのですが、穴の大きさの程度やその子の状態によって、臨機応変に対応して行ないます。

なお、自宅でお産をさせた場合には、生まれてすぐに口の中を確認し、重度の口蓋裂や、よく口蓋裂とともに見られる口唇裂（鼻と口唇が裂けている奇形）が見られた時には安楽死をお勧めします。

ヘルニア

子犬の頃から外見上の変化としてみとめられるヘルニアには、臍ヘルニア、そけいヘルニアがあります。臍ヘルニアはいわゆる出ベソで、お腹の真ん中にドーム状をした柔らかい膨らみとして見られます。この中には小腸などの腹部臓器が入っていま

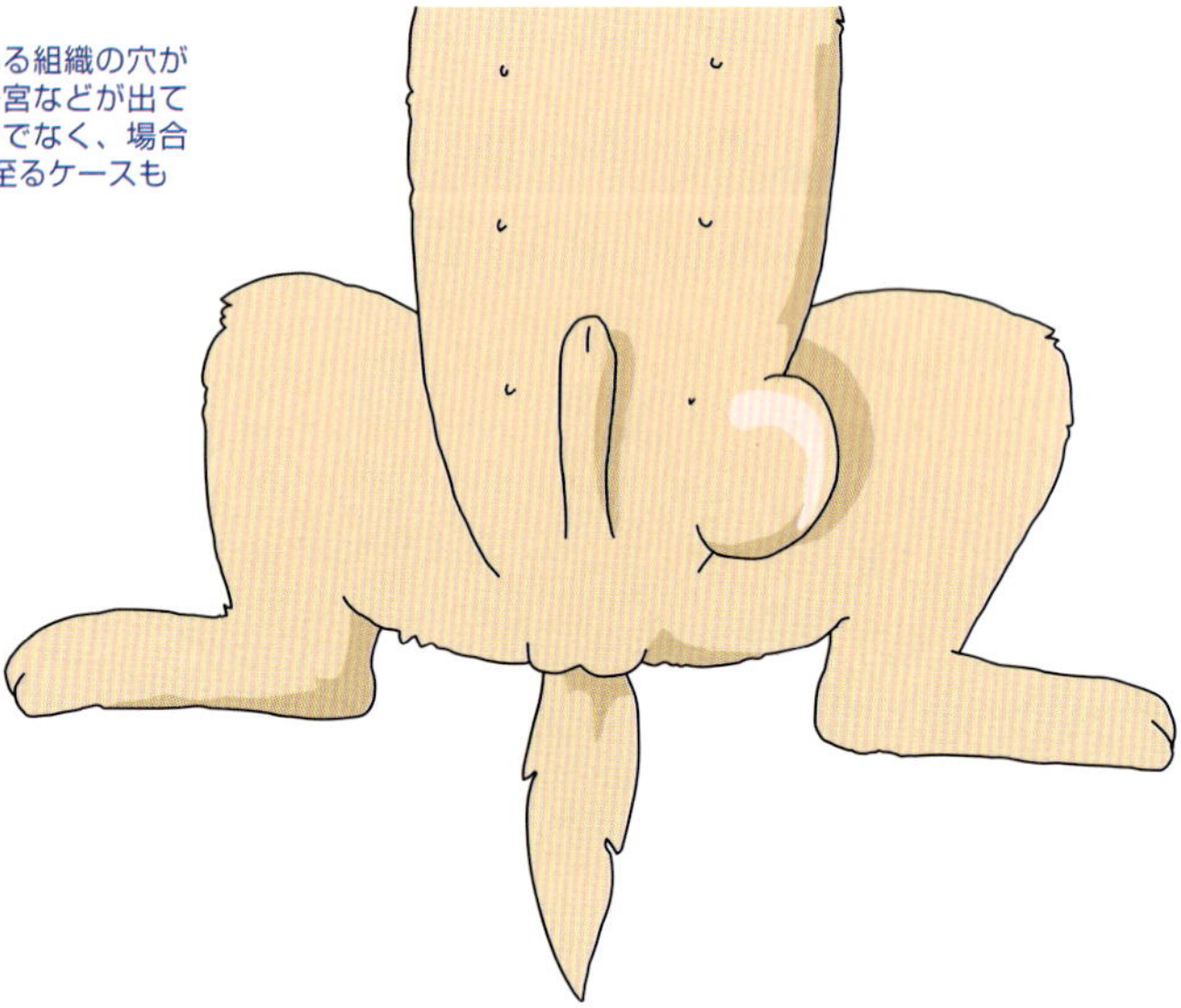

そけいヘルニア
後ろ足の付け根に開いている組織の穴が大きすぎて、腸や膀胱、子宮などが出てしまう症状です。痛いだけでなく、場合によっては放置すると死に至るケースも

す。

　臍ヘルニアは、胎児の時に母親から栄養をもらっていた臍帯を、出産直後に母犬が深く噛み切り過ぎたことが原因だといわれていましたが、シー・ズーでは、ほとんどの犬に臍ヘルニアが見られます。臍の緒が脱落する時に、正常であればかなり硬い組織で穴が塞がれるのですが、その過程がうまくいかず、穴が塞がれないのです。このことから、臍ヘルニアは後天的なものではなく先天的なものであり、遺伝すると考えられます。

　一方そけいヘルニアは股間にできるヘルニアです。両後肢の付け根にそけい輪という血管や神経などの通る穴が開いているのですが、その穴が通常よりも大きいために、そこに腸、膀胱、子宮などが落ち込んでしまうのです。どんなヘルニアでも内臓が落ち込むと、つれて鈍い痛みがでます。もし、ヘルニア輪（穴の部分）で絞約が起きると、ヘルニア嚢に落ち込んだ臓器に血行障害が起こり、うっ血して激しい痛みを生じ、そのまま放っておくと内容物が壊死を起こし、最悪な場合には命を落とします。

　ヘルニアを持っている犬に対する注意点があります。ヘルニアを指で押すとお腹の中におさまるからといって、指も一緒におなかのなかに押し込む行為はしてはいけません。指を押し込むことによってヘルニア輪を広げてしまい、ヘルニアを悪化させてしまうのです。

　また、ヘルニアの色の変化にも注意がいります。ふだんはピンク色をしているヘルニアが時として紅くなったり青くなったりすることがありますが、とくに青くなっている時は急を要する状態だと思ってください。

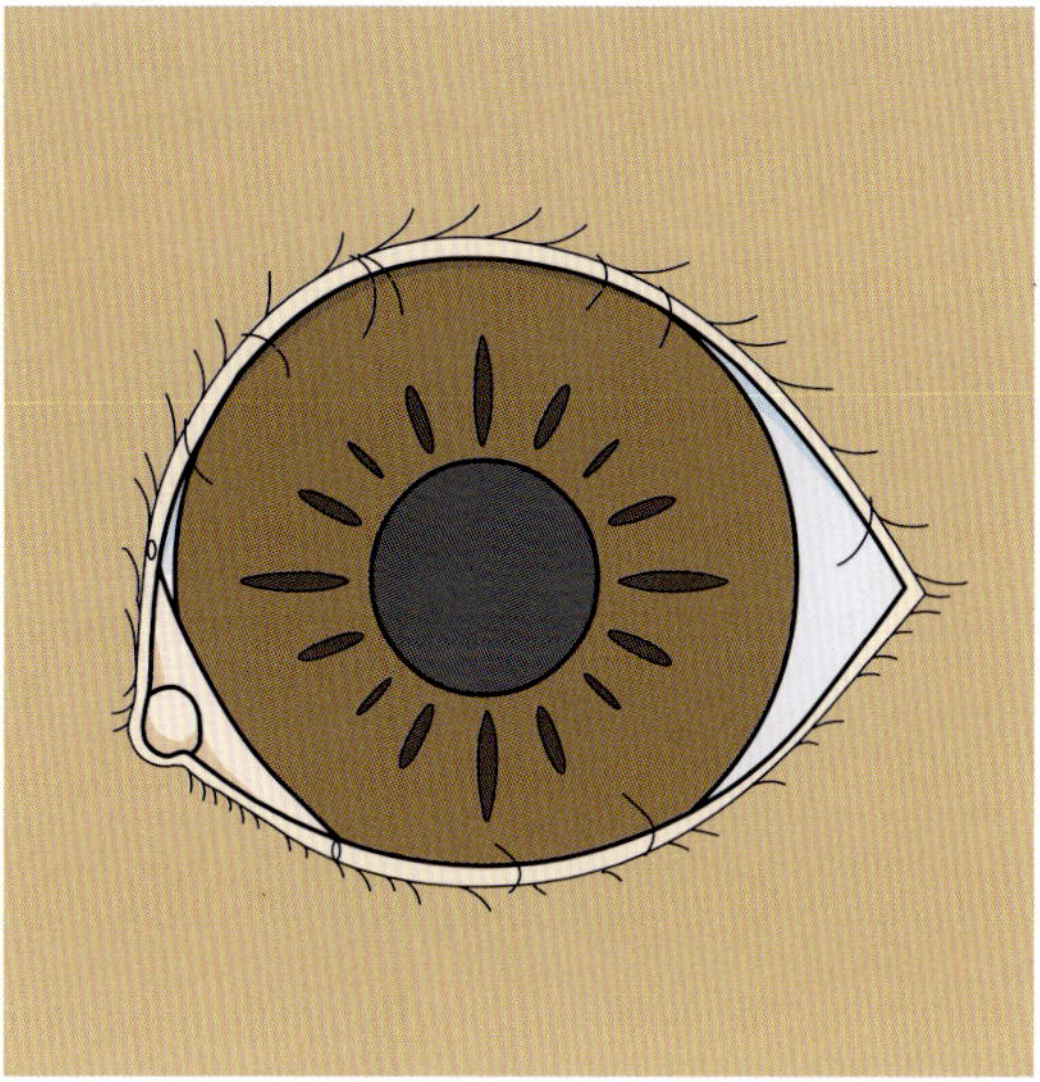

逆さまつ毛
まぶたの内側にまつ毛が生えてしまい、角膜を傷つける疾患。放置すると将来、失明の恐れもあります

さらに、その部位に触れると痛がるようであれば、なおさら急がなくてはなりません。このような時は、ヘルニア輪で血行が阻害されてヘルニア内部が腫れ上がっているのです。そのまま放置しておくと内部は腐り、腹膜炎を起こし、ついには死亡してしまいますので、緊急にヘルニア整復術を行なわなくてはなりません。

また、そけいヘルニアでは、その内部に膀胱や子宮が入り込んで、排尿障害や分娩障害を起こすことがありますので、大きなヘルニアが認められる場合には、早めに手術を受けさせておいた方がよいでしょう。

眼瞼内反症、眼瞼外反症、逆さまつ毛

これらはいずれも眼瞼の奇形です。眼瞼が内側にまくれ込んでしまい、目の表面すなわち角膜を傷つけてしまうのが眼瞼内反症、逆に眼瞼が外側にそっくり返ってしまい、角膜や結膜を乾燥させてしまうのが眼瞼外反症です。

逆さまつ毛は毛の生えるべきでない眼瞼に毛が生えてしまい、角膜を傷つけてしまう異常です。いずれの異常も将来、ドライアイ（乾性角結膜炎）や色素性角膜炎を引き起こし、事実上の失明となってしまいますので、できるだけ早期の外科的処置が必要です。

先天性膝蓋骨脱臼

膝蓋骨とは、膝のお皿のことです。この膝のお皿が溝からはずれてしまう病気を膝蓋骨脱臼といい、これには先天性の膝蓋骨脱臼と後天性の膝蓋骨脱臼とがあります。後天性の膝蓋骨脱臼は、交通事故など外からの強い力が膝に加わることによって、

膝を支えている内側または外側の膝蓋靭帯が断裂してしまい、切断された靭帯と反対側に、膝のお皿が溝からはずれてしまうのです。

　これに対して、先天性膝蓋骨脱臼は、子犬の時から膝のお皿がはずれている状態なのですが、その原因は主に膝蓋骨のはまっている溝の形成不全によります。この溝は滑車溝と呼ばれ、新生児の頃から形成され始めますが、足を動かすことで膝蓋骨がこの溝に押し付けられて、より溝を深くし、激しく運動する頃になると、簡単には膝蓋骨が脱臼しないほどに深くなっているものなのです。しかし、時にこの溝となる面が盛り上がっていることがあり、膝蓋骨が定位置に安定することができずに、定位置からはずれてしまうことがあるのです。

　このことに早く気がつけば、リハビリだけで治せることもあるのですが、生後約1カ月を過ぎてしまうとリハビリでは治せないことがあります。その時には時期をみて手術を行ない、膝蓋骨を定位置に戻します。これらの他にも形成術を必要とする先天性疾患や美容形成術は多くあるのですが、あまり一般的ではないので省略させていただきます。

先天性膝蓋骨脱臼
いわゆる「ひざのお皿」がはまるべき溝（滑車溝）が形成不全だと、子犬の頃からひざのお皿がはすれた状態なってしまいます

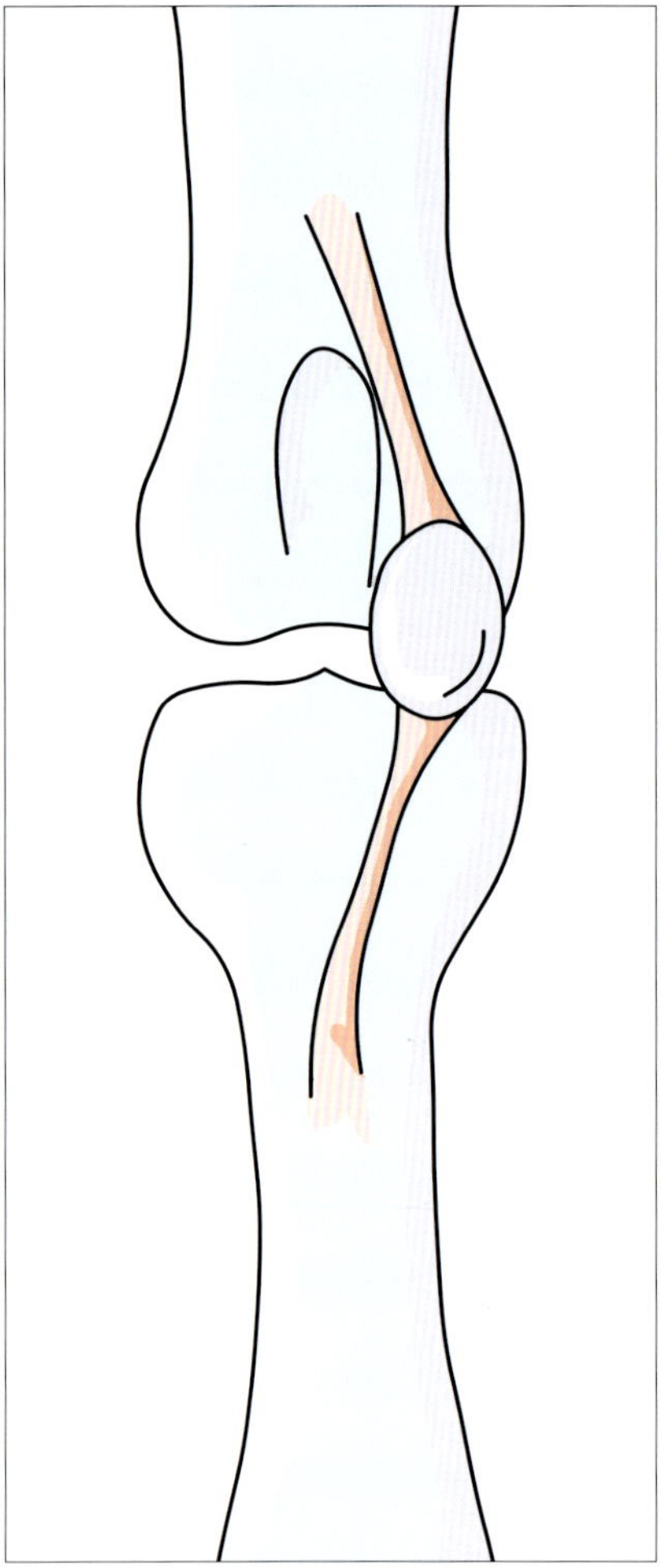

CHAPTER

6

宮田　勝重

心に傷のない子犬を育てるには

日本では、心に傷のない健全な子犬を探すのは大変です。その理由としては、子犬の売買のシステムが子犬の健康に配慮していないことが挙げられます。

日本で売買されている子犬の多くは、生産業者やブリーダーから市場へ流れ、それからペットショップに並びます。生産業者から出荷されるのは、早ければ生後1カ月くらいで、子犬の心身の健康を考えれば、まだ母犬のもとにいなければならない時期です。

もちろん、犬は牛や馬と同じように、人によって家畜化された動物で、人に利用される動物ですから、野生の動物のように親子関係を自然に任せるというわけにはいきません。

また、人と暮らすように作られた動物ですから、何もしなくてもそれなりに成長しますが、それでも生まれてすぐに人の手が入らないと、社会に馴染まない犬に育ってしまいます。

早すぎる母離れは子犬の心に傷がつきますし、遅すぎる母離れは新しい環境に慣れなくなります。

子犬が生まれても、全部の子犬を飼えるわけではありませんから、母犬から離す時期を考えて子犬の世話をします。その時期も犬の大きさ、環境によりかなり異なります。また、母犬の性格もかなり幅があります。出産も人が側にいなければできないものから、飼い主といえども手出しができない犬もいます。当然、生まれた子犬の性格にも大きく影響します。

子犬の成長はいくつかの段階がありますから、その段階ごとに説明しましょう。

生まれて2～3週間は母犬がすべて。完全に母犬に依存している時期ですが、この時期から人の手で触れることが必要です

生後２～３週間たつと、目が開いて少しずつ見えるように。耳も聞こえるようになり、母犬以外にも関心を向けるようになります

1 新生児期（生まれて2～3週間まで）

　完全に母犬に依存する時期ですが、この時期でも人が触ることが大切です。また、この時期は、栄養的には母乳に完全に依存している時期ですが、最初から人工哺乳で育てることもあります。この場合は、母犬のかかわりが薄くなりますから、人が母犬の代わりになってしまいます。

　母犬は、子犬を産んだ時から横になって子犬を舐めますが、子犬が鳴けばそれに反応して子犬を舐めます。寒ければ体を丸め、子犬をお腹に囲い込んで保温し眠らせ、母乳を飲ませ、お尻を舐めて排便させるのがこの時期の母犬です。もっとも、過保護になっている最近の母犬は、育児能力に問題があり、子犬の側を離れ、人といることを好むことが多くなりました。逆に、中には飼い主にさえ子犬に触らせずに、子犬から離れるのは排尿の時だけというケースもあります。

　この場合は、母犬と一番親しい人がいつも側に行って、少しずつ母犬の気持ちをやわらげ、子犬に触れるように努力します。母犬とだけで暮らしていると、人に慣れにくい犬に育ってしまいます。

　人工哺乳で育った場合は、やはり少し問題のようで、サックリングという、お互いに生殖器を吸いあう行動が見られます。成長すればサックリングはなくなりますが、その他の行動にどのような影響があるかはわかっていません。

　2週目から3週目は、体の成長の激しい時で、開いた目が明るくなり、少し見えるようになります。音への反応が現われ耳も聞こえるようになり、大きな音にびっくりしたり、母犬のお腹の下から這い出して歩く探索行動が現われます。もし同胎の兄弟がいれば、今までの母犬とだけの関係から、兄弟に関心が向くようになります。

　3週間目というのは、離乳が始まる時期で、子犬の体も吸引反射といわれる母乳に吸い付く行動や、刺激で排尿するといった行動がなくなり、自分で排泄するようになります。

　もちろん、子犬は自分の巣での排泄を嫌がりますから、おぼつかない足取りで巣の外で排泄します。この時期に排泄の場所がなかったり、いいかげんに済ませると、排泄の場所を覚えない犬に育ってしまうでしょう。子犬としてのしつけもこの時期から始まります。

兄弟と遊ぶことは、犬同士のつき合いを覚えるための大切な基礎になります

2 社会化期（生まれて4～9週～3カ月まで）

今までは母犬や飼い主、同じ日に生まれた兄弟との世界でしたが、この頃からいろいろなものに興味を示すようになります。家の中から外へも興味が広まる時期で、この時期に外へ向けて出さないと、人の社会に慣れない犬に育ってしまいます。では、社会化とは具体的にどんなことなのでしょうか？

何も刺激のない単調な環境では、ちょっとしたことに過剰に反応したり、知らないものに怖がるといった犬に育ってしまいます。子犬は、正常に育っていれば何でも興味を示しますから、いろいろな刺激を与えてください。おもちゃであったり、抱いて外へ出かけることも大切です。

生後1～3カ月になると、興味の対象がぐんと広がってきます。いろいろなおもちゃで遊ばせたり、家族以外の人に合わせたり、刺激を与えてください

ちょうどワクチンの接種時期ですが、ワクチン接種が済んでなくても、外へ出した方がいいと思います。実際、犬の伝染病はどこにでもあるわけではありませんから、犬の散歩コースや犬がたくさん集まるところへ連れて行かなければいいことです。ワクチン接種が済まないうちの外出によって亡くなる犬より、噛みついたり、怖がって吠えて近所迷惑になり、処分される犬の方がずっと多いのですから。

家の中と外の犬舎では、家の中の方が社会性のある犬に育ちます。子犬の早い時期から外で育てた場合、人への信頼性が育たず、特定の人を怖がったりすることがあります。

また、同時に生まれた子犬との触れ合いも大切で、遊びながら順位がつき、犬の社会のしくみを学びます。6週、一カ月半より前に兄弟から離すと、攻撃性の強い犬になることが知られています。

怖がりな子にしないために、ワクチン接種が済む前でも抱いて外に連れ出し、たくさんの経験をさせてあげましょう

抱っこもしつけのひとつ。仰向けで抱かれてもリラックスしていられる子に育てましょう

3 幼齢期

権勢症候群とかアルファー症候群といった、飼い主より自分が上位となる症状は、この時期にしっかりと成立します。飼い主に反抗する、指示に従わないといった場合はそのままにしないで、飼い主が強いということを、しつけや遊びの中で覚えさせます。しつけの本ではありませんのでポイントを簡単に説明します。散歩の時間は飼い主の都合で決めます。時間は決めない、犬に請求されて出掛けない。散歩のコースは飼い主が勝手に決める。寝る場所は室内であっても、ケージの中。遊んでいる時、犬を仰向けにする、胸の中に抱え込む、口を手でふさぐなどが、抵抗なくできるようする。遊んだおもちゃは飼い主が必ず犬の届かないところにしまう…といったことを実行しましょう。

文章を読むと大変なようですが、実際にやるとそれほど大変ではありません。

本格的な散歩を始める前に、室内でリードに慣れる練習をしておきます

CHAPTER 7

早川　靖則

登録

イギリスのバーミンガムで毎年開かれるクラフトショーは、最も権威あるドッグショーです

1 血統書は必要か

人類が犬を飼い始めておよそ1万2000年もの月日が経ちました。その大半の年月は、外観の美しさよりも機能を重視した犬の繁殖に注がれてきました。中世になると、王室を中心に、地主や貴族たちが、犬種の改良を手がけ始めます。ヨーロッパでは、富の象徴として、犬をこぞって飼うようになり、イギリスで最初のドッグショーが（1860年）開催され、各国で頻繁に開かれるようになりました。

　祖先から受け継いだ体形、サイズ、毛色、毛質、気性を維持することや、所有者の登録という意味で、血統を記載した犬籍簿が作成されるようになりました。現在の日本における狂犬病予防法での所有者登録とは、意図が違います。

　純粋犬種として繁殖されたものは登録され、祖先全体を見ることができる犬籍簿に基づいてできたものが、血統書、正式には血統証明書です。繁殖する者にとっては、純血種の保持はもとより、犬種改良に多大な影響を与えてきたわけです。血統書は、繁殖をしない飼い主の方には、ただの戸籍抄本だけの意味しか持たないかもしれませんが、繁殖される方にとっては、スタンダードの改良や、将来は遺伝性疾患の排除にも必要な書類となるでしょう。

　純血種の犬を求めれば、犬の善し悪しにかかわらず、血統書が作成され、犬と一緒に付いてくると思われています。わが国では、いわゆる血統書付きという言葉が常識的になっています

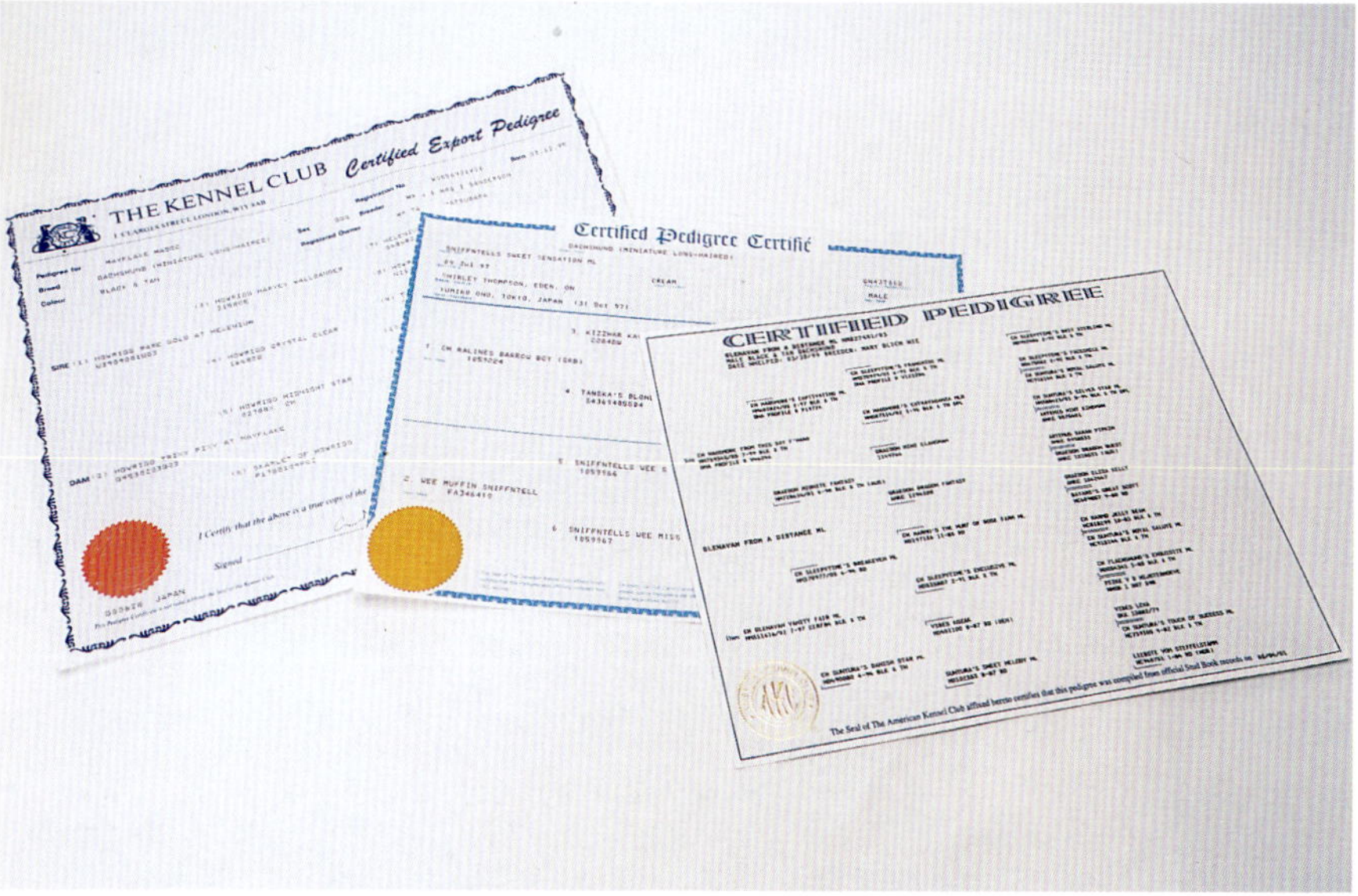

左よりイギリス、オーストラリア、アメリカの血統書。
登録証明書があれば、いつでも血統書が発行されます

が、イギリスやアメリカでは、血統が登録されている場合は、登録証明書だけが通用しています。別料金を納めれば、いつでも血統書が発行されることになっている証明書です。これは本来の血統登録制度の証明書であり、繁殖者の負担を軽減しているともいえます。また、欧米の血統書には、スタンダードと遺伝性疾患のチェックを受けてから再度発行される、子孫のことを考慮した厳重な血統書もあります。

最後に、血統書は必要かということですが、信頼できる情報の提供が優先された血統書は繁殖者にとって不可欠ですが、犬種団体の収益優先となる血統書であれば、必要ないともいえます。将来的には、思慮分別ある繁殖が行なわれるための、パーフェクトな血統書の発行が望まれます。

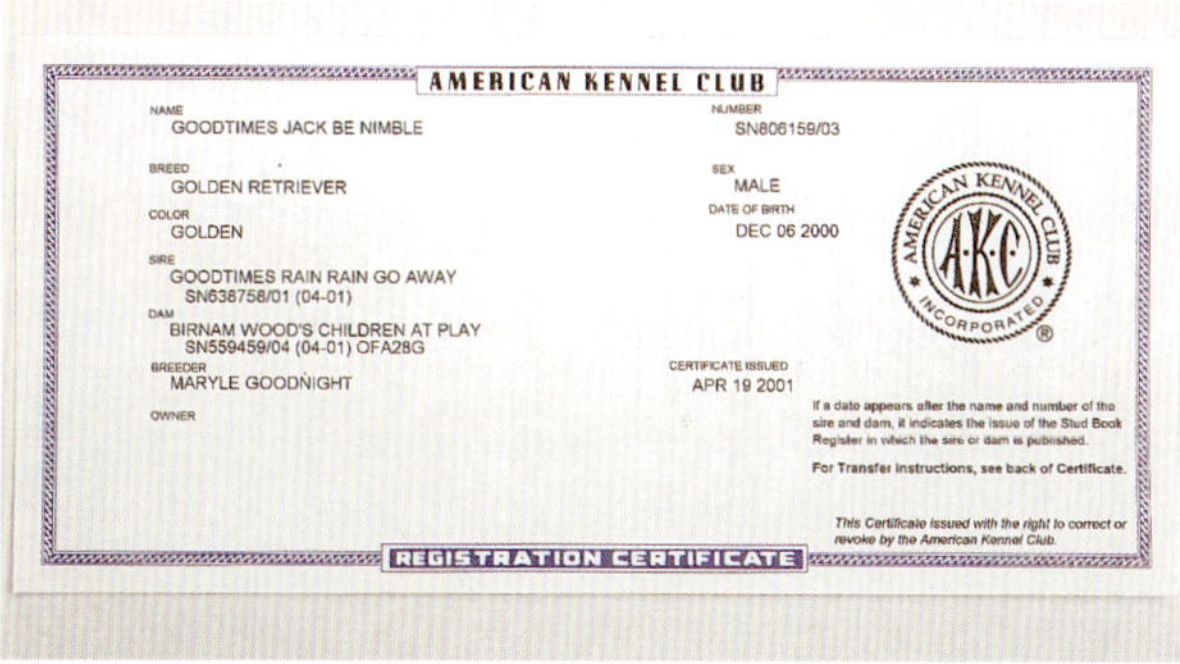
AMERICAN KENNEL CLUB

NAME
GOODTIMES JACK BE NIMBLE

NUMBER
SN806159/03

BREED
GOLDEN RETRIEVER

SEX
MALE

COLOR
GOLDEN

DATE OF BIRTH
DEC 06 2000

SIRE
GOODTIMES RAIN RAIN GO AWAY
SN638758/01 (04-01)

DAM
BIRNAM WOOD'S CHILDREN AT PLAY
SN559459/04 (04-01) OFA28G

BREEDER
MARYLE GOODNIGHT

CERTIFICATE ISSUED
APR 19 2001

OWNER

If a date appears after the name and number of the sire and dam, it indicates the issue of the Stud Book Register in which the sire or dam is published.

For Transfer Instructions, see back of Certificate.

This Certificate issued with the right to correct or revoke by the American Kennel Club.

REGISTRATION CERTIFICATE

日本と違い、イギリスやアメリカでは血統が登録されていることを示す、この登録証明書だけが通用します

犬舎号は、血統書に記載される犬の苗字のようなものですが、人間の苗字と違って「同姓」は使えません

2 犬舎号（犬舎名）

犬を飼うと、愛情がわき、愛犬の子が欲しくなるのもあたりまえのことです。繁殖するしないにかかわらず、まず愛犬の血統書の名義変更をしておいてください。血統書に、犬の所有者名と譲渡年月日が記載されて初めて、各種登録やドッグショーへの参加ができるのです。また、血統書は、各種ドッグクラブが発行しているもので、そのクラブの大小にかかわらず、運営費としての入会金と年会費を払うことも必要です。

　念願の子犬の誕生により、繁殖者は自分の屋号、あるいは苗字となる犬舎号(ケネルネーム)を登録しなければなりません。子犬たちの名前に接続して使われるので、苗字と考えるとよいのですが、人間の苗字と違って、同一の苗字が使えないのが原則です。戸籍の問題だけでしたら、同姓同名も存在してかまいませんが、血統の登録の上では、あってはならないことなのです。また、いろいろな犬種を繁殖するブリーダーも、一つの犬舎号しか取得できず、ドッグクラブ内に、同名の犬舎号は登録できないので、名付けにはかなり苦労すると思います。

　将来、繁殖を希望する愛犬家は、あらかじめ犬舎号をゆっくりと考えておき、登録しておいてもよいでしょう。クラブによっては、会員資格を喪失すると犬舎号が廃舎とされますので、会費の未納がないか、気をつけておいてください。しかし、原則的には、犬舎号は永久に記録されますので、犬舎号の保護をどのように扱っているか、クラ

犬舎名登録申請書

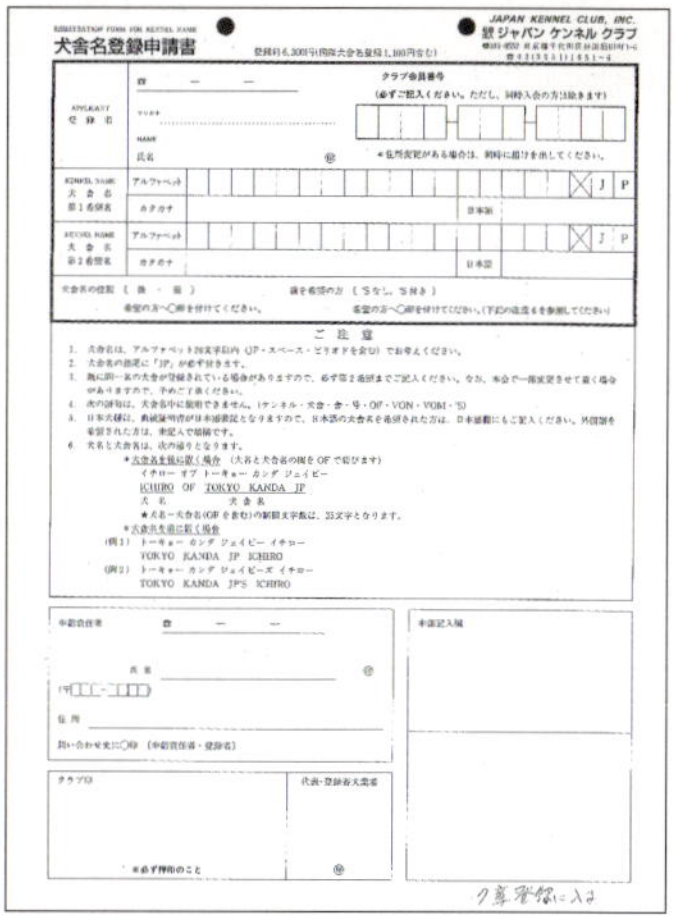
REGISTRATION FORM FOR KENNEL NAME
犬舎名登録申請書
JAPAN KENNEL CLUB, INC.
ジャパン ケンネル クラブ
クラブ会員番号
APPLICANT 登録者
氏名
KENNEL NAME 犬舎名 第1希望名 アルファベット J P
カタカナ 日本語
KENNEL NAME 犬舎名 第2希望名 アルファベット J P
カタカナ 日本語

ご注意
1. 犬舎名は、アルファベット20文字以内（JP・スペース・ピリオドを含む）でお考えください。
2. 犬舎名の語尾に「JP」が必ず付きます。
4. 次の語句は、犬舎名中に使用できません。（ケンネル・犬舎・舎・号・OF・VON・VOM・'S）
6. 犬名と犬舎名は、次の通りとなります。
イチロー オブ トーキョー カンダ ジェイピー
ICHIRO OF TOKYO KANDA JP
犬名 犬舎名
(例1) トーキョー カンダ ジェイピー イチロー
TOKYO KANDA JP ICHIRO
(例2) トーキョー カンダ ジェイピーズ イチロー
TOKYO KANDA JP'S ICHIRO

一つの犬舎で繁殖された犬たちは、みな同じ苗字、つまり犬舎号を持つことになります

ブに確認しておくとよいでしょう。

一度登録された犬舎号については、は、繁殖者の過去、現在、未来における権利が永久に保護されるため、大変貴重な無形財産といえます。大切な財産ですので他人への譲渡はできませんが、犬舎を保護するために、継承者に相続することはできます。

さて、実際に犬舎号を考えるとなると難しいもので、重複を避けるために、登録申込書には第1、第2希望を書き込んで申請します。血統書の犬名欄にアルファベットで30字以内という制限がありますので、犬舎号の字数は、それから犬名とOFなどの前置詞を除いても、おおよそ20字以内でしょう。漢字での登録でもよいですが、6字以内にしてください。どういう犬舎号が一般的かというと、人名、地名、山や川の名前、伝説や神話、小説に登場する名前、自然界の現象などが多いようです（例：ATLAS＝アトラス、EVEREST＝エヴェレスト、HEINE＝ハイネなど）。

犬舎号の登録件数は非常に多いので、重複をさけるために、決めた犬舎号の前に、人名やイニシャル、地名や形容詞を付け加えることもひとつの手です（例：MAKOTO.ATLAS、S.S.EVEREST、CHIYODA.HEINEなど）。犬舎号は、愛犬家のあなたが犬に対する愛情と、繁殖に対する情熱を表わすわけですから、充分に考えてから申請してください。

一度の出産で生まれた兄弟犬を登録することを、一胎子登録と言います。正確な犬籍簿を作るためにも、兄弟全員を登録すべきです

3 名前のつけ方

愛犬が出産した子犬全部を期間内(3カ月くらい)に、名前を付けてドッグクラブに登録することを一胎子登録といいます。子犬は、一胎子登録を行なうことで血統書が発行されます。血統書が必要ないという理由で、その数を除いた頭数で、一胎子登録申請も可能です。しかし、あくまで一胎子登録は、正確な犬籍簿作成のためにも、全頭の登録が原則ともいえるでしょう。後になって血統書が必要となり、単独犬登録で追加申請することもできます。この場合、最初の一胎子登録で正確な出産頭数(死亡、不明頭数を含む)を記載せずに申請してしまうと、出産頭数が合わないなどのトラブルで認められないこともありますので、注意してください。

日本では、一胎子登録で子犬の登録が行なわれますが、イギリスやアメリカでは、単独犬登録によって個別に行なわれるのが原則となっています。この単独犬登録は、一胎子登録がされなかった犬を後から登録する場合や、他の犬種団体に移籍する場合、また、外国から輸入した犬を登録する場合などに行なわれる登録方法です。

犬舎号が苗字なら、その前か後に子犬の名前を付けます。子犬が小型犬であれば、数頭で済みますが、大型犬で8頭も9頭もとなると、すぐには名前が思いつきません。犬の名前も人間同様、男の子は男性らしい、女の子は女性らしい名前にします。名前から、性別が識別できるように命名してください。

そして、同胎犬は名前の頭の

日本犬の命名は自由ですが、漢字を使った日本名が原則です

文字を揃えることや、類似の名前を付けないことが規定となっています。また、同じ年度内には、同じ犬種に同じ頭文字を使った名前を付けないことも大切です。さらに、以前に登録した犬名とははっきりと区別できる犬名にすることなどがあります。これらのことが守れないと、訂正されることもありますので気をつけてください。

洋犬の場合、犬舎内で最初に繁殖された子犬の名前は、アルファベットのAの頭文字を付け、次の繁殖で生まれた子犬にはBの頭文字を、次はCの頭文字と、何回目の登録かがわかるようにする習慣があります（例：ALEX＝アレックス、ANNA＝アンナ、BEN＝ベン、BELLE＝ベルなど）。犬舎号の名前付けの場合と同じように、犬名の頭文字を揃えることが難しい時は、形容詞や名詞を付けて修飾するのもよいでしょう。犬舎号の字数が多い場合は、なるべく短い形容詞がよいでしょう（例：ACE＝エース、ACTIVE＝アクティブ、BEAUTY＝ビューティ、BRIGHT＝ブライト、CHUMMY＝チャミー、CLEVER＝クレヴァーなど）。

純粋犬種の正式な名前は、犬名と犬舎号と登録番号で保護されます。しかし、日常生活の中では、登録された名前を使っていることはほとんどなく、呼び名が一般的です。この呼び名（愛称）は、所有者が付ける、犬が認識しやすく呼びやすい名前であり、たとえ所有者が変わっても、呼び名は変えないであげてください。このようなことから、血統書に子供の頃から慣れ親しんだ呼び名を記載し、途中で変わらないようにしているドッグクラブもあります。

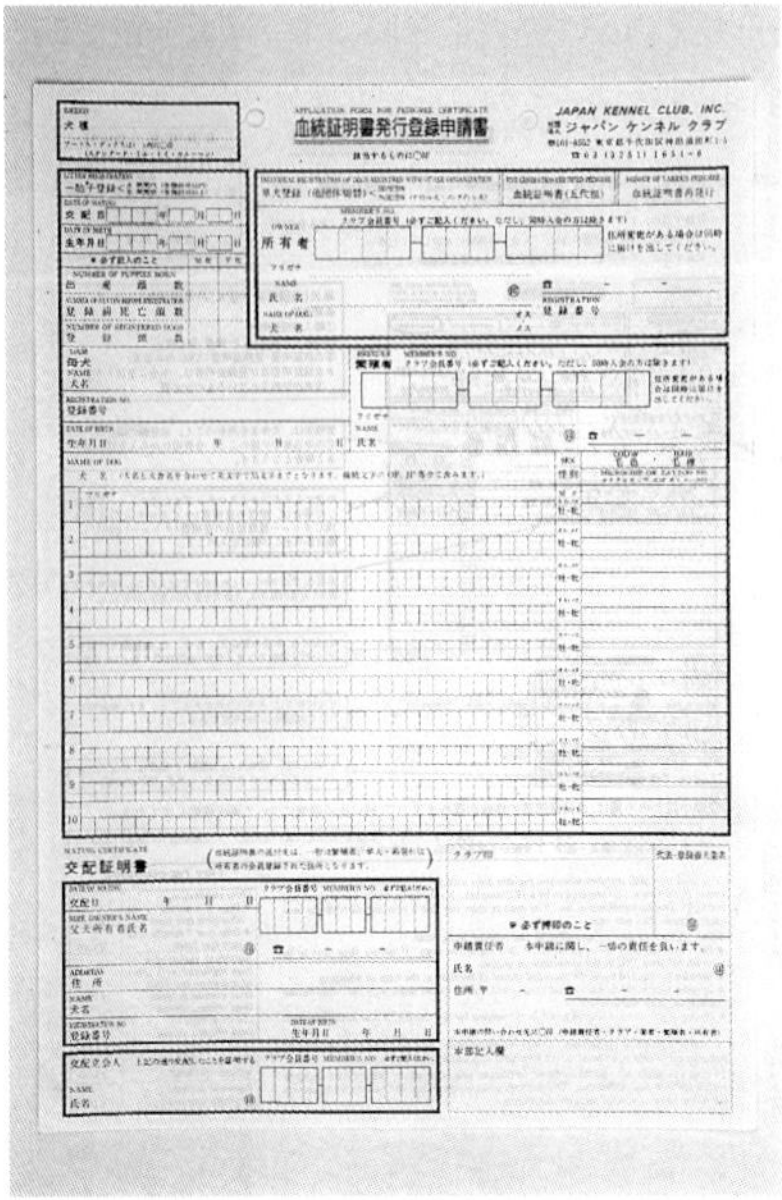
血統証明書発行登録申請書
JAPAN KENNEL CLUB, INC.
ジャパン ケンネル クラブ
交配証明書

血統証明書発行登録申請書（一胎子登録の申込書）。記入の際、わからない点があれば、クラブやブリーダーに問い合わせて、正確に記入してください。交配証明書も下段にあります

日本犬の名前の付け方ですが、漢字を用いて、和風な名前を付けます。多くは歴史上の人物や、旧国名、藩名、山や川の名前、植物の名前がつけられています。大型犬は、豪快で力強い名前、小型犬は、軽快で俊敏そうな名前がよいでしょう。洋犬の名前とは違い、同胎犬を五十音順に揃える必要はありませんので、自由に命名できます。ただし、雄は雄らしい名前、雌は雌らしい名前ということなのですが、はっきりしない場合は、雄には丸とか麿、雌には姫をつけるとよいでしょう(例：五月丸、五月姫、武蔵丸、武蔵姫など)。登録名にしろ呼び名にしろ、命名とは悩むものですが、有意義な時間でもありますので楽しんでください。

一胎子登録の申込書は、誰にでも記入できますが、その際、迷ってしまう点もいくつかあります。交配日が2日（○月○日と○月○日の両日に交配）であれば、その旨を記入してください。また、出産が両日に渡った(出産は夜中が多いので、朝までかかってしまう）場合は、一般的には、最初の子犬が生まれた日を出産日として記入してください。

出産犬の頭数や、死亡頭数、登録犬の頭数は正直に記入することも大切です。毛色の項目では、犬種独特の表現があるものもありますし、成長につれ毛色が変化する犬種もありますので、わからなければ、ドッグクラブやブリーダーの方に確認された方がよいでしょう。また、登録時に子犬の所有者が決まっている場合は、その旨を記入しておいてください。これは後からの名義変更の手続きが必要ないからです。

一胎子登録をする際、交配が確かに実行された場合には、雄犬の所有者から交配証明書が発行されているはずですので、この証明書の記載事項を確認した上で、他の書類と一緒に提出します。血統書の発行が遅れないためにも、一胎子登録は（ドッグクラブによって異なりますが）2～4カ月以内に申請してください。これを経過しますと、登録料が高くなりますので、くれぐれも早めに済ませることが望まれます。

CHAPTER 8

野矢　雅彦

繁殖の生理学

1 卵巣機能から見た雌犬の繁殖生理

雌犬の初めての発情は、早いものでは生後6カ月で見られますが、平均すると生後10～12カ月で見られます。初回の発情は、期間が短かったり、一度終わったかと思ったらまた発情が始まったりと、不安定なことが多いものです。2回目の発情からは、安定した発情周期が見られるようになります。

雌犬の発情周期は、大きく分けると発情期と無発情期に分けられ、発情期はさらに発情前期、発情期、発情休止期（発情後期）に分けられます。これらの周期はすべて、卵巣と脳下垂体から放出されるいくつかのホルモンによって調節されており、なかでも卵巣で発育し形成される卵胞と、黄体から分泌されるホルモン量の変化によって排卵が起こります。発情期に受精されないと発情休止期、発情期へと移行するのですが、卵胞と黄体の機能の変化から見ると、雌犬の発情期はまた、卵胞相と黄体相と新しい卵胞相に分けられます。

卵胞相（発情前期）

卵胞は、卵巣で発育しながらエストラジオールというホルモンを分泌し、エストロゲン、テストステロン、アンドロステンジオンといったホルモンを増加させます。エストロゲンが増加すると外陰部の増大が顕著となり、発情出血が見られるようになります。また、性フェロモンも放出され雄犬の興味を引くようになります。

しかし、雄犬を受け入れることはまだしません。この期間は5～10日間続くのが普通ですが、時に20日間くらい続く場合もあります。そして、卵胞の発育が最高潮に達すると、発情期となり、雄犬に交尾を許すようになります。すると、それまで多量に分泌されていたエストロゲンの分泌が止まり、卵胞に代わり黄体が急速に形成されて、黄体ホルモンであるプロゲステロン（ジェスタージェン）を多量に分泌し始めます。さらに脳下垂体から黄体形成ホルモンが急激に放出されると、その刺激によって約2日後に排卵されます。

黄体相（発情期、発情休止期）

排卵する以前の発情前期の中頃に、すでに黄体は卵胞内で形成され始めており、プロゲステロン（ジェスタージェン）も分泌され始めています。そして、排卵が起こる直前にエストロゲ

妊娠・出産に関するおもなホルモン

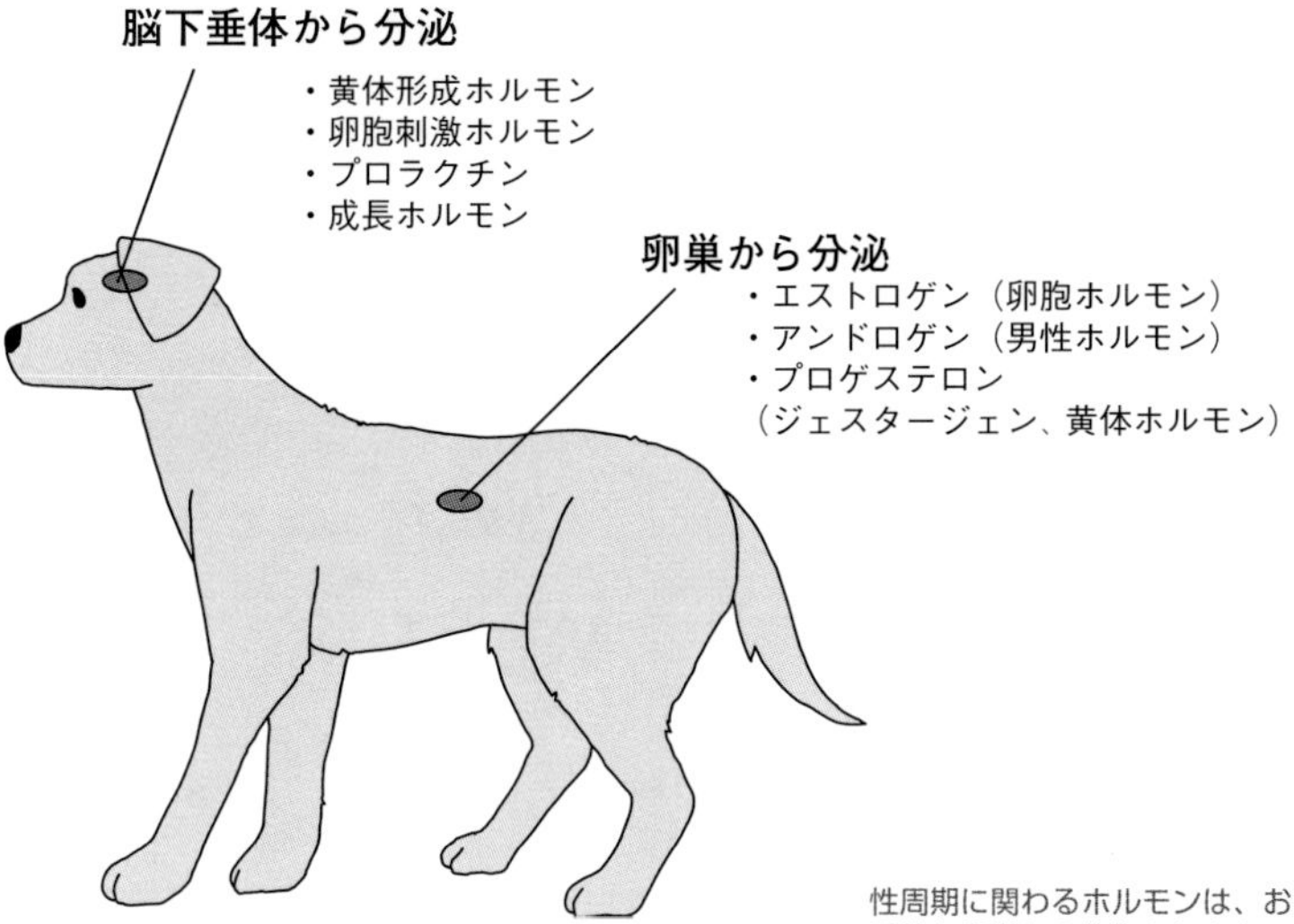

性周期に関わるホルモンは、おもに脳下垂体と卵巣から分泌されます

ンが減少すると、このプロゲステロン（ジェスタージェン）は急速に増加し、排卵後には発情前期の10～20倍量に達します。さらに2～3週間後の黄体完成までプロゲステロン（ジェスタージェン）値は上昇し続け50～200倍量にもなります。

　妊娠しなかった場合には、黄体は消失していくのですが、消失しながらも約6週間にわたり、プロゲステロン（ジェスタージェン）を少量ですが分泌し続けます。これは排卵の時から換算すると約2カ月間になり、犬の妊娠期間に相当します。

新しい卵胞相（無発情期）

　この時期は何も起こっていない時期ではなく、卵胞が発育し始めるための準備期間です。すなわち卵巣が次に排卵させるための卵胞を選んで刺激している時期なのです。

性周期に関連しているホルモン

　性周期に関連しているホルモンは主に脳下垂体と卵巣から分泌されています。脳下垂体から分泌されるホルモンには、黄体形成ホルモン（ＬＨ）、卵胞刺激ホルモン（ＦＳＨ）、プロラクチン、成長ホルモン（ＧＨ）などがあり、卵巣から分泌されるホルモンにはエストロゲン（卵胞ホルモン）、アンドロゲン（男性ホルモン）、プロゲステロン（黄体ホルモン）などがあります。これらのホルモンが、お互いに作用的に働いたり反作用的に働いたりしながら、性周期をコントロールしています。

　卵胞刺激ホルモンの分泌や調節はまだよく解明されていませんが、その働きは、卵巣の卵胞腔の成長を促進させることとエ

それぞれのホルモン値は、発情前期から発情休止期に大きな変化を見せます

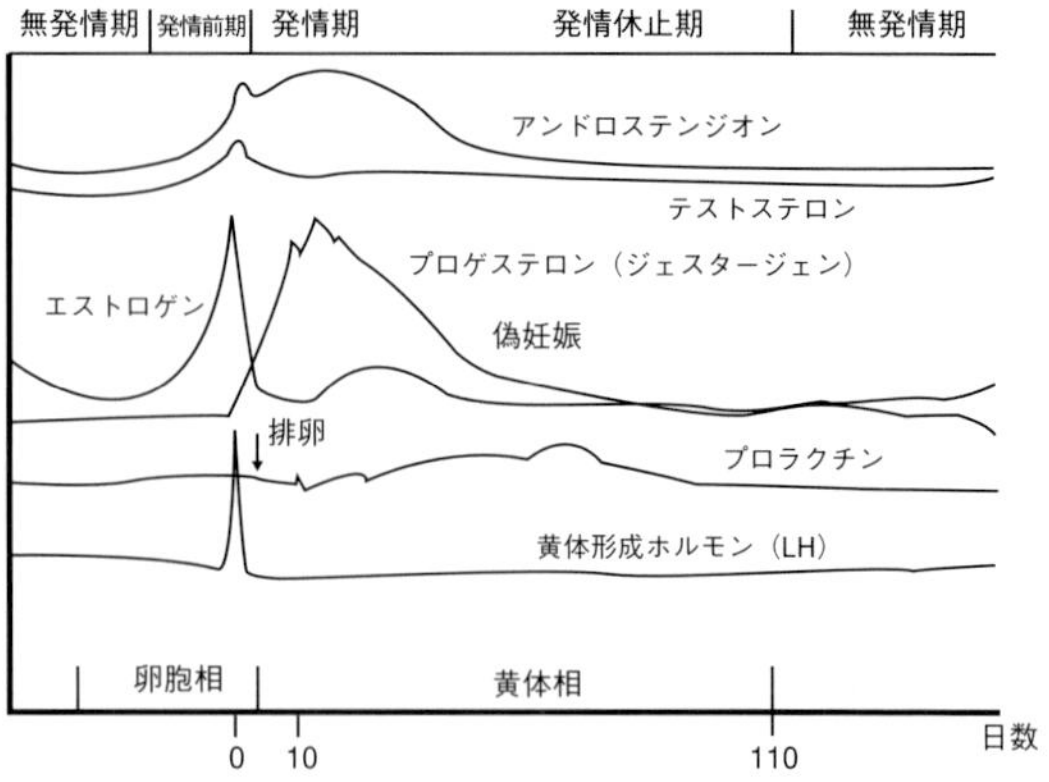

妊娠していない犬の卵巣周期

ストロゲンの合成です。黄体形成ホルモンは、卵胞の発育とプロゲステロン（ジェスタージェン）、エストロゲン、アンドロゲン前駆物質などのステロイドホルモンの産生に役立っています。さらに、排卵ホルモンとしての役割も大きく、排卵するためには黄体形成ホルモンの大量放出が必要なのです。

プロラクチンは妊娠、出産および乳汁分泌に関連したホルモンであること以外に、黄体形成ホルモンとともに脳下垂体性黄体刺激ホルモンでもあります。プロラクチンの分泌はプロゲステロン（ジェスタージェン）の分泌と反比例し、甲状腺ホルモンの影響をかなり受けるので、甲状腺機能低下症の犬では発情が起こらなくなり、不妊症の原因となります。さらに、偽妊娠の発生にも大きく関与しています。

成長ホルモンは、主に代謝ホルモンですが、催乳ホルモンでもあります。このホルモンの分泌は、プロゲステロン（ジェスタージェン）の分泌の影響を受けています。もし、なんらかの刺激によって、発情周期の黄体相において一過性にプロゲステロン（ジェスタージェン）に反応して異常な成長ホルモンの上昇が起こると、後に乳腺腫瘍を発生するといわれています。また、避妊を目的として合成プロゲステロンである酢酸メドロキシプロゲステロンを投与すると、初期に成長ホルモンの過度の上昇を生じてしまうことがあり、この場合、6～18カ月後に、皮膚の過度の発育と血糖値およびインスリンを変化させた末端肥大症様の症状が見られます。

エストロゲンは卵胞から分泌され、外貌的には陰部の腫大と発情出血を起こし、内部的には膣の角化や浮腫や伸長、子宮角の充血と伸長、卵管の腫大、卵管采の開口などを引き起こす働きがあります。アンドロゲンは、エストロゲン合成のための基質としての働きがあります。プロゲステロン（ジェスタージェン）は、黄体から分泌され排卵促進、妊娠の維持、乳腺の発達に関与しています。

以上は卵巣の機能の変化から見た発情周期でしたが、次に雌犬の外貌的変化や行動的変化から発情周期を追ってみましょう。

2 外貌と行動から見た発情周期

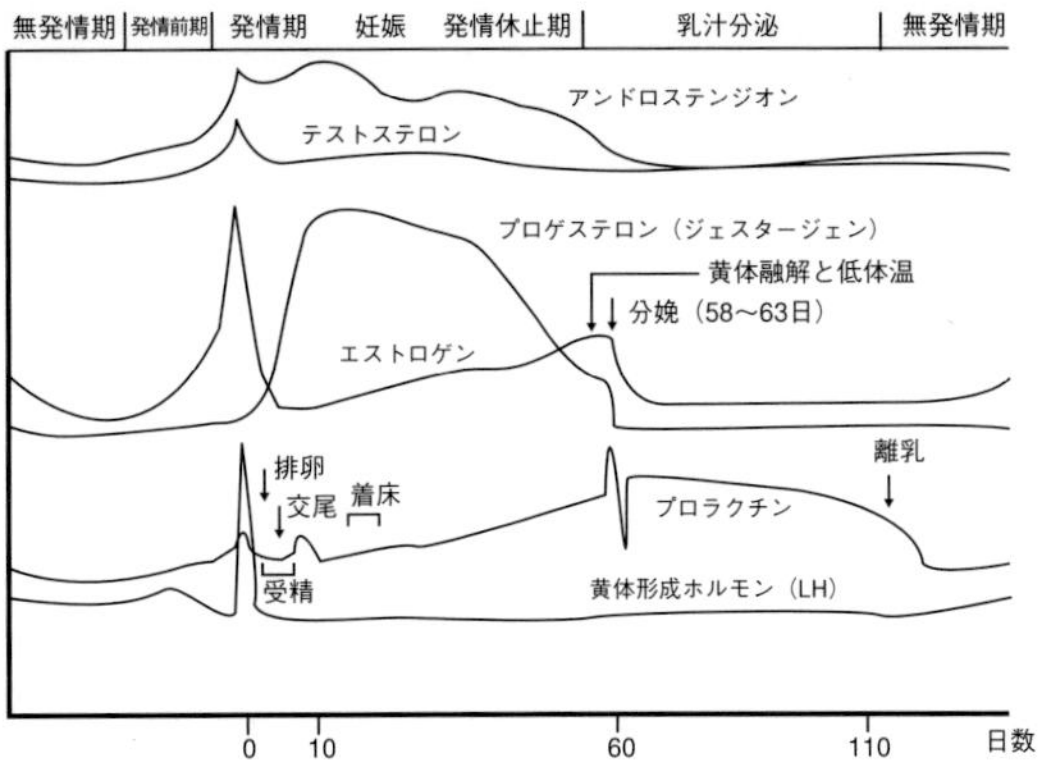

妊娠犬の卵巣周期

発情前期から離乳期まで、各ホルモンのレベルは、妊娠していない場合と違った曲線を描いています

発情前期

最初に、外貌的変化として外陰部の腫大と発情出血（血様膣帯物）が見られます。発情前期はおよそ3〜27日間（平均8・1日±2・9日）続き、その間、外陰部はますます大きくなり、排卵直前に最大になります。行動的変化としては、分泌された性フェロモンに誘導されてきた雄犬に対して、初期には雄のマウントを拒否してうなったり尻込みするなど交尾を許すことはしませんが、発情前期の終わり頃になると、交尾自体は許さないものの、マウントは許すようになります。また、自らが他の犬などにさかんにマウントし、前肢で相手をしっかりとつかまえておいて腰を使うなどの雄性行為も見られます。

発情期

発情前期が終わると発情期（許容期間）に入ります。発情期には、それまで交尾を拒否していた雌犬が、雄犬を積極的に誘うようになります。雄犬が雌犬の陰部をなめたり、体をつついたり、マウントしてくると、じっとして陰部をつきだし、尾を横に倒して交尾しやすいような姿勢をとります。雄が弱気だったり経験が浅かったりしてマウントする意欲に欠けている場合には、会陰部を雄の顔に向けて陰部を鼻に押し付けてくることさえあります。これらの発情行動は5〜20日間（平均10・4日±2・7日）続きます。しかし、この発情期の間に交尾が可能な期間は約7日間で、この期間に交尾が行なわれると妊娠する可能性があります。

発情休止期

大きくなっていた外陰部が小さくなって膣皺襞も消失します。また、発情出血も少なくなり、積極的であった交尾行動もなくなります。排卵後約30日で、乳腺は触れるぐらい発育します。とくに後方の1〜2対の乳腺のほうが前方の対のものよりも発達します。

3 発情から妊娠まで

発情周期の間隔

一つの発情周期から次の発情周期までの間隔は、3・5〜13カ月（平均7カ月）ですが、同

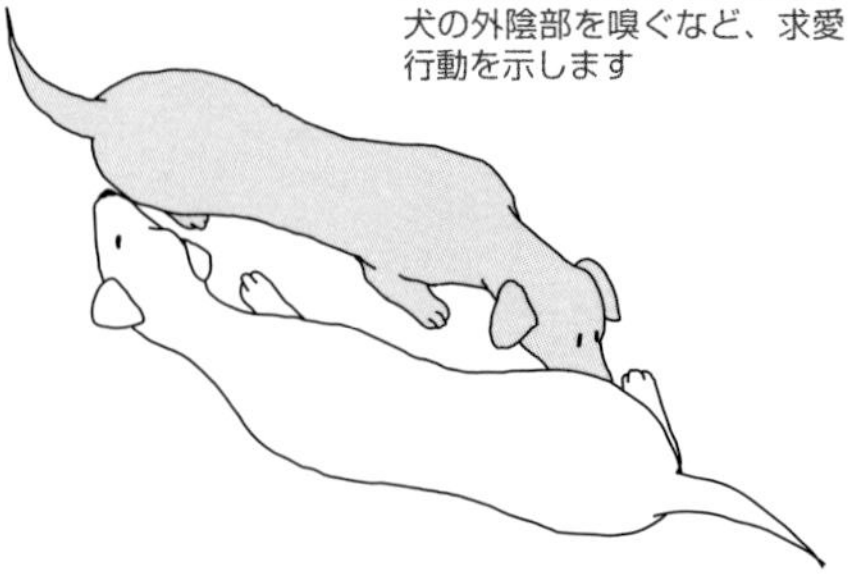

発情期に入ると雌は雄を積極的に誘うようになり、雄は雌犬の外陰部を嗅ぐなど、求愛行動を示します

じ犬でも一定であったり不定であったりと変化します。犬種や環境によっても平均発情間隔に違いが見られます。多頭飼育の家ではほぼ同時期に発情するようになり、そこに発情していない雌犬を同居させると、1〜2週間以内に発情が始まります。これらの反応はフェロモンが影響して起こります。

発情と日照時間

発情は日照時間の影響を受けています。多くの外犬は、晩冬か早春、および晩夏か初秋に発情します。

ところが、人工光だけで日照時間を調節して飼育すると発情周期が狂ってくることから、日照時間の影響を受けていることは間違いありません。

なかでもバセンジーとチベタンマスチフの2犬種は、とくに日照時間の影響を強く受けます。

交尾

次に、発情中に行なわれる雄犬との交尾について触れてみましょう。

発情期に入った雌犬は、フェロモンを放出して雄犬を誘い、約7日間、雄犬の顔に向かって腰を高くして陰部をつき出し、雄犬に交尾をうながします。興奮した雄犬は、雌犬の背後からマウントし、腰を前後に動かし始めます。雄の陰茎は勃起し始め、雌犬の膣の奥まで陰茎が挿入されると勃起が完全なものとなります。

犬の陰茎の根元には亀頭球という部位があり、勃起が完全なものになると、ここが陰茎の太さの2倍位の大きさに膨らみます。そして、この亀頭球が膣の中で膨らむことによって、陰茎が膣から抜けないようになるという仕組みになっています。亀頭球が膣内で膨らみ膣から抜けなくなると、雄犬は体を反転させて、雄犬と雌犬がお尻とお尻をくっつけて正反対を向くような格好になります。この状態を完全交尾といい、5〜30分続きます。なぜこんなに長く交尾が行なわれるのか、理由は定かではありませんが、雄犬の精液は3段階に分けて射精され、はじめに潤滑油としての効果を持つ少量の精嚢腺液、次に精子、そして5〜30mlもの大量の前立腺液の順に放出されます。この前立腺液の放出が時間をかけて行なわれるため、交尾時間が長くなるようです。ちなみに前立腺液には、精液が子宮頸管を通過しやすくする役割があるようです。

雄犬の精子

雄犬の性成熟は、早いものでも生後8カ月以降といわれてい

雌は雄の顔に向かって陰部を突きし、尾を横にして交尾をうながします

ます。犬の精液は、前述のように、第1液から第3液の3段階に別けて射精され、精子は第2液に含まれています。成熟した精子は、自然交配では射精後25秒以内に雌の卵管に達します。犬の精子は、その生存期間が他の動物よりも長く、雌の生殖管内で受精能力をもったまま約5日間も生存しているので、排卵の数日前の交尾でも受胎することがあります。また、精子は、受精能力を獲得することで卵子の中に侵入して卵黄内に入り、受胎するのですが、受精能力を獲得するのに要する時間は約7時間です。

受胎

多くの雌犬は発情期の3日目に排卵しますが、犬科動物の特徴として、卵子は未成熟卵で排卵されます。排卵された卵子は卵管を下降しながら成長し、排卵後2・5日で成熟卵となり受精可能となります。雄の精子の受精能の保有期間は5日間です。交尾可能な期間は約7日間なので、差し引きすると受精可能な期間は2日間ということになります。

ただし、排卵には個体差があり、早いものでは出血から7日目で排卵し、遅いものでは25日目で排卵することもあります。また、卵子が未成熟な状態で排卵されることから、卵子が成熟する前に精子が受精部位である卵管に到達していると、卵子の成熟と同時に受精が始まります。もし複数の雄犬と交尾していて、成熟した卵子は複数あり、精子も複数の犬のものが待っているとなると、違った雄犬の子が同時に生まれることになります。つまり、生まれてみると似ても似つかない顔をした兄弟が生まれる可能性があるのです。このことを同期複妊娠といいます。

妊娠

排卵された卵子が卵管を下降しながら成熟卵となり受精可能となってから、精子が成熟卵に侵入し、卵子と結合した時から妊娠は始まります。犬の妊娠期間は58〜63日と言われていますが、妊娠期間の差は、卵子の成熟期間と交尾の時期との関係によって異なります。

すなわち、卵子が排卵される前に交尾が行なわれ、精子が受精の行なわれる卵管にすでに到達していれば、すぐに受精が行なわれ、妊娠期間は58日となる可能性がありますが、受精のタイミングがずれると妊娠期間は長くなるということです。

犬の交尾のプロセス

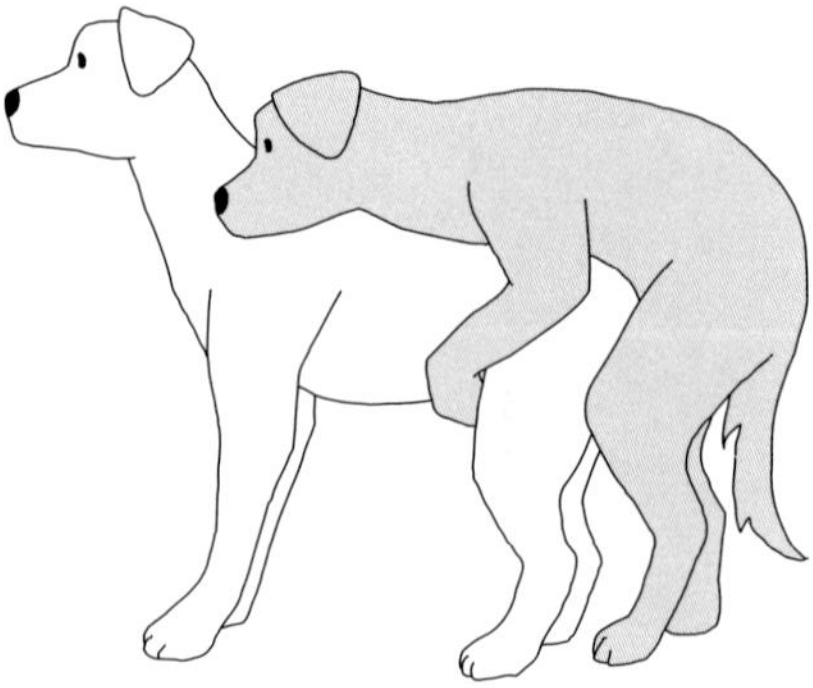

雄が雌の背後からマウントし、雌の膣の奥まで陰茎が挿入されると勃起が完全なものとなります

勃起が完全なものとなり、雄の陰茎の亀頭球が膨らんで膣から抜けなくなると、雄は体を反転させます

雄と雌がお尻とお尻をくっつけた完全交尾の状態に入り、５～30分このままでいます

4 妊娠中のホルモンレベル

分娩後1～2日間はプロラクチンは減少しますが、その後は上昇し、子犬がお乳を吸う刺激によってプロラクチンが放出されるため、授乳中はレベルが変動します

女性ホルモンの一種、血清エストラジオールは、妊娠中に発情前期のレベルの30～50％ほど上昇します。そして出産後には急激に下降し、普通の量に戻ります。

黄体ホルモン、プロゲステロン（ジェスタージェン）は、妊娠していない周期と同じように、妊娠している周期でも発情期中は上昇し続け、排卵後約1カ月までに15～85ng／mlの最初のピークレベルに達します。そして、着床や胎盤の発育に伴ってプロゲステロン（ジェスタージェン）のレベルが最初の頂点に達した時、または下降する時に、2度目のプロゲステロン（ジェスタージェン）の上昇があり、第2の頂点を形成するか、妊娠4～5週目までゆっくりと下降し続けるかの経過をたどります。

妊娠40日目頃からプロゲステロンレベルはゆっくりと下降し、4～16ng／mlで落ち着き、1～2週間この状態が続いて、分娩の1～2日前になると1～2ng／mlまで急降下します。出産後、プロゲステロンレベルは通常1ng／ml以下に下がりますが、分娩2～3日後に2～3ng／mlくらいの一過性の上昇が起こることがあります。妊娠中の黄体形成ホルモンレベルは、ずっとベースラインの付近で微妙に変動し続け、劇的な変化は見られません。

しかし、卵胞刺激ホルモンは、着床の後、妊娠していない場合よりもいくぶん高いレベルで維持され続けます。泌乳ホルモンであるプロラクチンの血清プロラクチンレベルは、発情前期、発情期、および着床前に少し変動します。そして妊娠35～40日以降には、プロゲステロンレベルが下降している間にプロラクチンレベルは上昇します。

妊娠後期には、明らかなプロラクチンの上昇が認められます。そして、分娩の12～36時間前になると、プロゲステロン（ジェスタージェン）が急降下している間に一過性の大きな高まりとなって終わります。分娩後1～2日間はプロラクチンは減少しますが、その後は上昇し、子犬がお乳を吸う刺激によってプロラクチンが放出されるため、授乳中はレベルが変動します。プロラクチンのレベルは授乳期後半にゆっくり下降し、離乳後に急降下します。

低血糖に注意する

妊娠中は食事中の炭水化物の量を増やします

5 着床およびその後の変化

受精後の卵子は胚となります。胚は卵管遠位部で桑実胚となり、32～64分割の胞胚に発育します。卵管子宮結合部が開いて胞胚が子宮角へ降りてくるのは、10日目頃といわれています。この後3日間、胞胚は1㎜の大きさで同側子宮角を遊離して漂っており、続く3日間で胞胚は2㎜ほどになって両方の子宮角を自由に行き来します。

やがて透明帯といわれる部分が消失し、代わりに同様のスペースを持った付着部位が、16日目頃に子宮にできます。そして、胎児性原始線条が形成され胎盤が初期発生する18日目には、着床面のふくらみがはっきりしてきます。この着床面のふくらみは、20日目には直径約1㎝となります。このふくらみは、限局性の子宮浮腫、胎膜の拡がり、および胎盤の初期発生を反映しています。

犬の胎盤は内皮絨毛性で、帯状に周りを取り囲んでいます。胎児の栄養膜の帯は辺縁の血腫へと発育しますが、尿膜は薄く透明のままです。辺縁の血腫は、停滞した母犬の血液を大量に貯えており、そこから胚外循環によってさまざまな代謝物質、とくに鉄を多く吸収します。母犬のヘマトクリット（赤血球の量で貧血や脱水の目安）は着床後徐々に下降し、通常妊娠35日目にはヘマトクリット値が40％以下に、出産予定日が近づくと35％以下になります。

また、妊娠犬は、体重が妊娠前の20～55％（平均36％）増加します。代謝性ホルモンが妊娠によってどの程度変化するかは、まだわかっていませんが、妊娠30～35日目頃にわずかに変動することはわかっており、このことは糖尿病に罹患している犬の状態を悪化させることがあります。

グルカゴンに対する感受性は影響を受けませんが、インスリンに対する感受性は妊娠35日目には引き下げられてしまうため、インスリンの必要量を増加させなくてはなりません。さらに、妊娠中は食事中の利用可能な炭水化物の要求量も増加します。妊娠中に炭水化物欠乏食を食べ続けた犬は、妊娠の終わり2週間頃に低血糖症となり、一腹内の死産子犬数が7倍に増加し、産後3日以内の子犬の死亡率が異常に高くなっています。

6 妊娠の維持

妊娠を維持するのに必要なホルモンはプロゲステロン（ジェスタージェン）で、黄体から分泌されます。実験的に妊娠中の卵巣を摘出してしまうと、いかなるステージであっても流産するか胎児の吸収が起こってしまいます。また、合成プロゲステロンを卵巣摘出した犬に投与すると妊娠を維持させられることからも、プロゲステロン（ジェスタージェン）が妊娠維持に必要であることは明らかです。プロゲステロン（ジェスタージェン）は、子宮内膜の発育や胎盤の発育を促進し、さらに子宮筋の活動と陣痛を促進させるオキシトシンに対する感受性を減らしているといわれています。

プロゲステロン（ジェスタージェン）の分泌は、脳下垂体からの黄体刺激ホルモンの作用を受けていますので、脳下垂体を摘出すると妊娠を維持することはできなくなります。黄体刺激ホルモンとプロラクチンも、プロゲステロン（ジェスタージェン）の形成に関与しているので、妊娠の維持には必要です。また、プロスタグランジン$F_{2\alpha}$は妊娠黄体を融解させる作用がありますが、妊娠期には子宮からアラキドン酸、プロスタグランジンE_2、およびプロスタグランジンI_2の産生があり、それらがかなりな量であるのに対して、プロスタグランジン$F_{2\alpha}$の産生量は微量であるため、黄体は融解されずに妊娠を維持することが可能です。さらにこれらは、着床と妊娠中の胎盤の発育、および子宮筋と子宮血管の緊張も維持しているといわれています。

7 胎児の発育と妊娠診断

交配後20〜25日には、子宮の胎盤付着部が、体重10kgの犬ではピンポン玉大に膨らみます。硬さも適度にあり、小腸などの臓器との区別がつきやすいので、この時期に限り指で妊娠子宮を確認できることがありますが、経験を積まないと判断が難しいことと、乱暴に扱うと流産する可能性もあるので、あまりお勧めできません。

この時期を過ぎ30日頃になると、胎児の大きさは約1cmになり、胎胞のふくらみは3cm以上となります。子宮内に羊水が増え、子宮もやわらかく長くなり腹側に落ちていくので小腸との区別がつかなくなり、指での触診はできなくなります。妊娠診

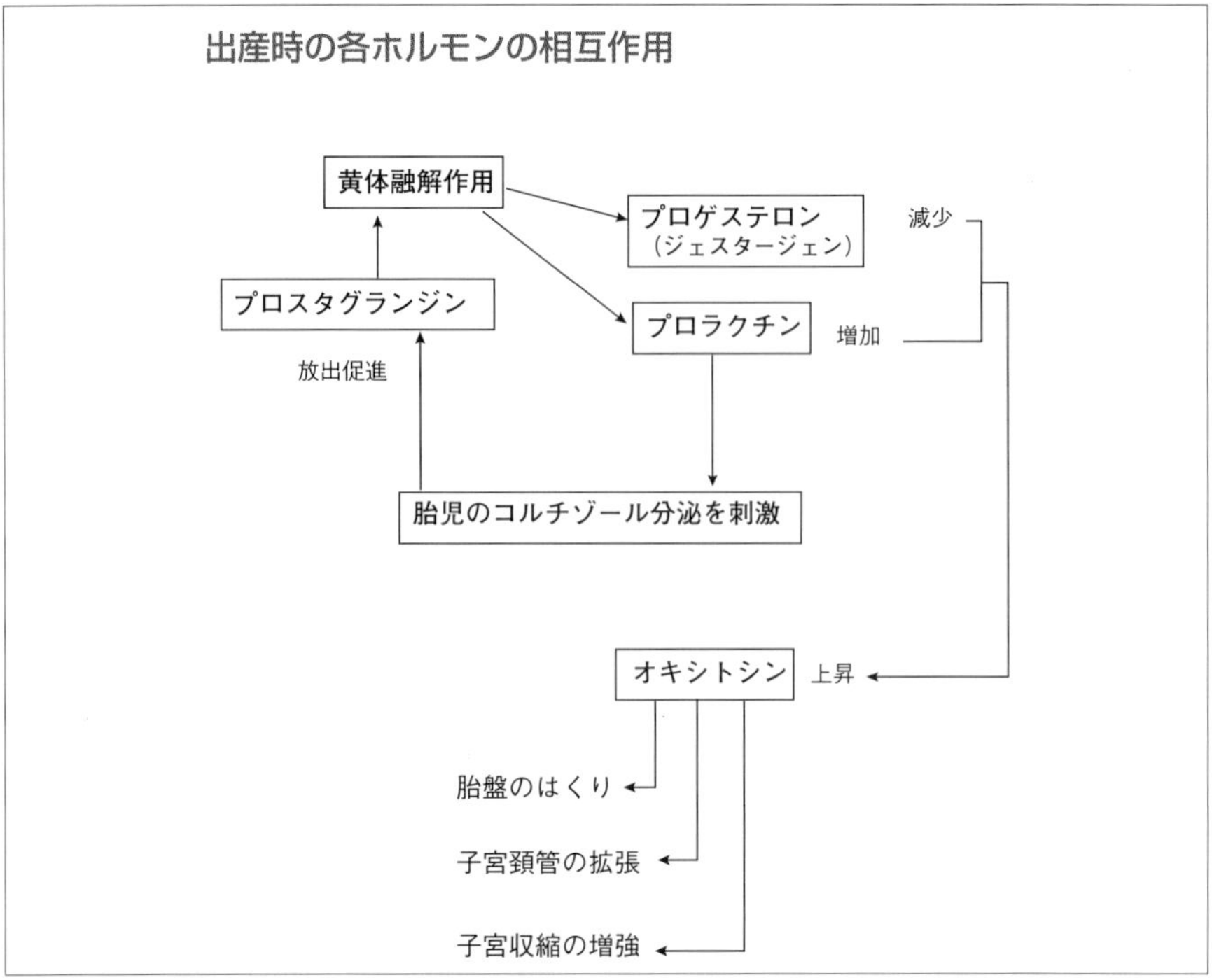

断を確実に行なうには、交配後30日頃まで待って、超音波診断装置で羊水中に浮かぶ胎児を画像的に確認する方法が安全かつ確実ですし、胎児の頭数もかなりの確率でわかります。

妊娠40日を過ぎると胎児の骨格もしっかりしてくるので、レントゲンでも妊娠の確定診断および胎児数の確認ができます。しかし、超音波検査で胎児の心臓やその他の発育状態を検査しているのであれば、胎児数確認や母犬の骨盤異常の有無等の確認を目的としたレントゲン撮影は、できる限り出産予定日近くに行なったほうがよいでしょう。というのは、胎児が分娩4～5日前になってグッと成長してくるので、母犬の骨盤の広さと胎児の大きさとを比較して、自然分娩で大丈夫か帝王切開の準備が必要なのかという見積もりを立てやすいからです。

8 分娩

犬の分娩は、交配後58～63日で行なわれます。しかし、分娩のしくみはまだ完全には解明されていません。主なホルモンの変動は、末梢血中および限局性のエストロゲン対プロゲステロン（ジェスタージェン）比の急速な増加です。犬ではプロゲステロン（ジェスタージェン）の急速な低下とともに起こり、分娩の24～36時間前に始まります。この時からエストロゲンは上昇し、分娩後までそのまま持続して、その後低下します。

プロゲステロン（ジェスタージェン）の減少は、主にプロスタグランジンF2αによる黄体融解作用によるといわれています。そしてプロゲステロン（ジェスタージェン）が下降する刺激とプロスタグランジンによって、プロラクチンが上昇し始め、分娩直前には最高レベルに達します。このプロラクチンは、胎児のコルチゾール分泌を刺激する作用があるといわれており、刺激を受けて分泌されたコルチゾールはプロスタグランジンの放出を促進させ、黄体の融解を進めます。

　このように、犬の正常分娩のきっかけには、胎児の発育が完了した時に、胎児の下垂体ー副腎軸が成熟することが関与しているようです。また、プロゲステロン（ジェスタージェン）の低下の結果として起こったエストロゲン対プロゲステロン（ジェスタージェン）比の上昇は、胎盤の剥離、子宮頸管の拡張および子宮収縮の増強を促進させるといわれています。さらに、これらの現象には他のファクタ

ゴールデン・リトリーバーの出産。写真上から分娩直前、へその緒を噛み切る、授乳

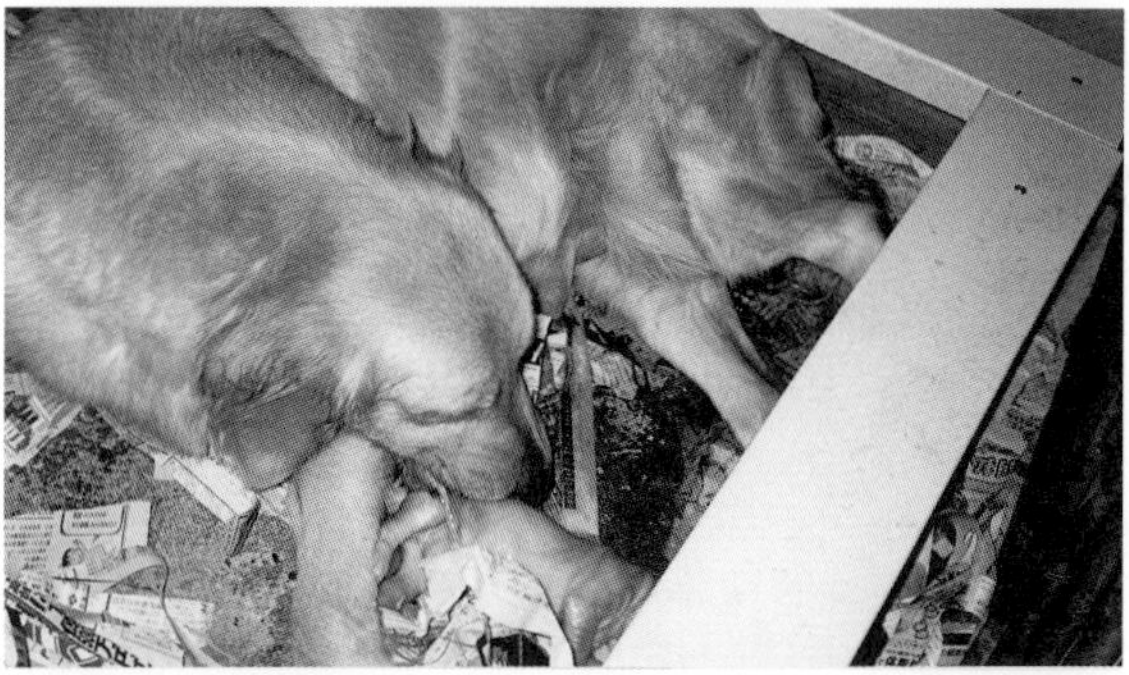

出産時の雌犬の体温変化

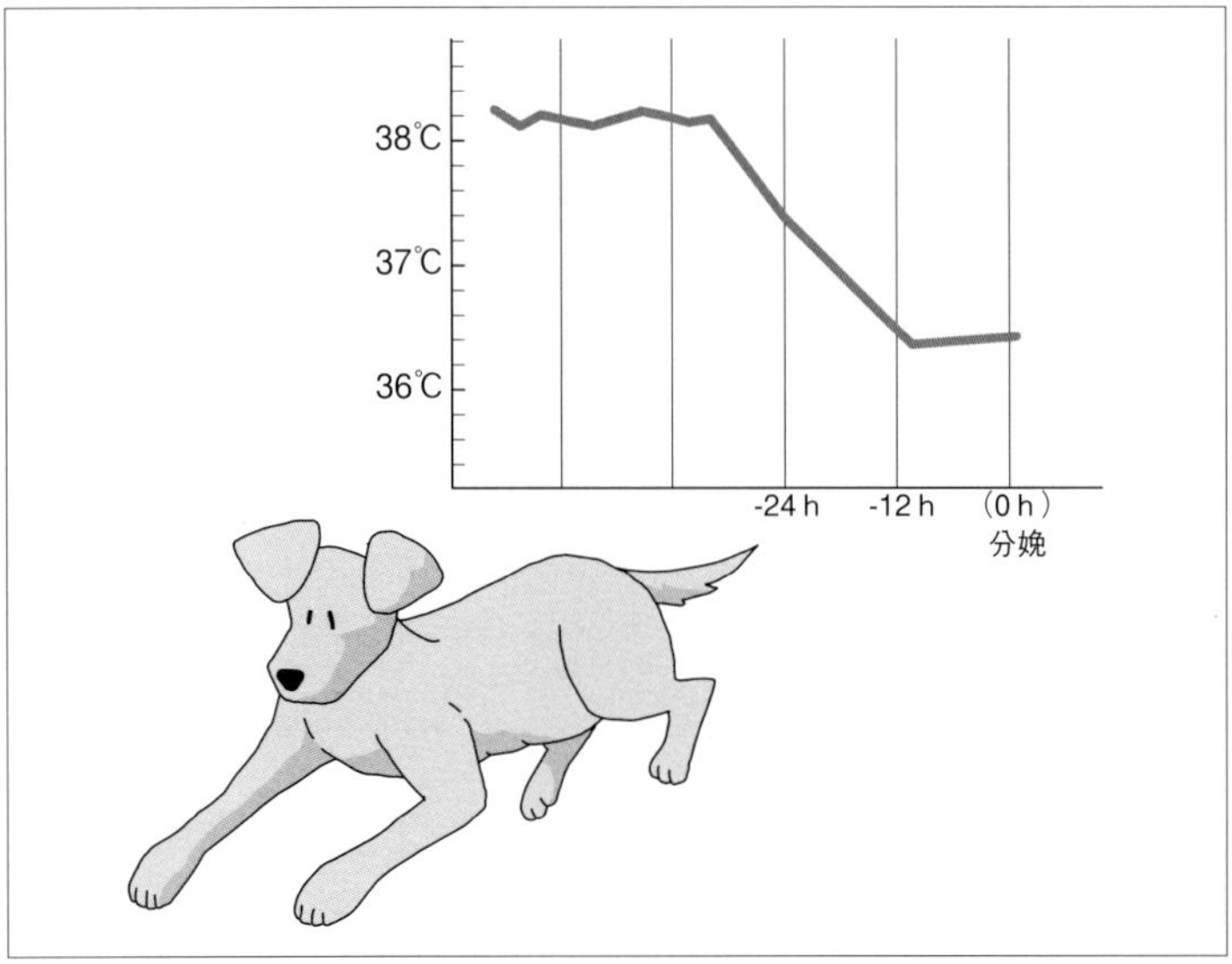

ーも関与しています。

たとえば、プロゲステロン（ジェスタージェン）が下降すると、オキシトシンに対する子宮筋の感受性が高まることと、胎児が頸管や膣を圧迫する刺激によってオキシトシンが放出されることで、オキシトシンレベルが上昇する形となり、子宮収縮を増強させます。分娩前の黄体の融解が起こると、母犬の体温が低下することがわかっていますが、この体温の低下は、母犬の代謝を落とすので一種の鎮痛効果が得られるといわれています。

この現象は、プロゲステロン（ジェスタージェン）の下降に12時間遅れて始まり、分娩の始まる約12時間から24時間のうちに約1℃低下するため、このことを利用して分娩の始まる時間を予測することができます。分娩予定日が近づいてきたら、犬の直腸温を数時間毎に計り始めます。通常犬の体温は約38℃なのが、分娩直前になると下がり始め、分娩24時間前には37・5℃を割ります。下がり始めたら1時間毎に測定します。体温は37〜36℃台まで下がり、再び上昇し始めます。そして、最も下がった時点から約10時間後に、分娩が始まります。この体温の低下は一過性ですが、生理的体温で37・5℃を割るのは分娩以外にはありません。そして分娩中、あるいは分娩後すぐに体温は上昇し、数日間は通常よりもやや高くなります。

また、雌犬は分娩前の数日間になると落ち着きがなくなり、隠れ場所を探すようになり、食欲も落ちてきます。とくに分娩前12〜24時間になると食事を摂らなくなり、巣作り行為、あえぎ、そわそわした動作などが見られますので、もし体温の測定

一子目の胎盤を食べることによって、2子目の娩出のための陣痛が助長されます

が困難であるならば、食欲を目安にして分娩の時間を予測するとよいでしょう。

さかんに巣作りを始めだしたら第1期陣痛が起こっています。この陣痛の間に子宮収縮は強くなりますが、自発的な腹部の収縮は起こりません。そのうちに、腹部の収縮を伴う第2期陣痛が始まります。初めは間隔も長く、弱い陣痛であったものが徐々に間隔が狭まり、腹部の収縮も強くなってきます。そして、体をつっぱるようにしていきむ強く長い陣痛が起こると、胎児が出てきます。第2期陣痛の始まりから娩出までに要する時間は、平均48分です。

娩出された胎児は、羊膜に包まれたままであったり、羊膜が破れていたりします。母犬は、産み出された新生児のへその緒を噛み切り、胎盤を食べてしまいます。次に、新生児を盛んになめまわして、体に付着している羊膜や羊水を取り除くと同時に刺激を与え代謝を促します。母犬が1子目の胎盤を食べることによって、2子目の娩出のための陣痛が助長されます。

左右の子宮角で胎児の数が異なっている場合、娩出の順番は、胎児数の多い子宮角から第1子が娩出されます。第2子以降では、娩出順位が左右の子宮角で交互に変わることもよくあります。娩出と次の娩出との間隔は、10分～5時間位と実にさまざまですが、1時間に1頭の娩出という感覚で分娩終了時間の予測をしておくと気持ちが楽になると思います。分娩に関しての詳細は第3章『出産』を参照してください。

9 性周期と膣垢の変化

犬の膣垢は、その性周期に伴って変化していきます。このことを利用して膣垢の変化から、その犬が現在どの性周期にいるのかを判断して、交配時期の決定や発情徴候のわからない犬の発情の有無の判定に使います。

膣垢検査（膣スメア検査）では、膣の拭い液を染色して顕微鏡で判定します。無発情期は傍基底細胞、小型中間細胞、白血球が見られ、どの細胞にも細胞核がきれいに見られます。発情前期の初め頃、排卵の17～8日前には、傍基底細胞、小型および大型中間細胞、赤血球、白血球などが観察されます。

発情前期の中頃、排卵の10～6日前には、小型および大型の中間細胞、表層細胞、白血球、赤血球が観察されますが、発情前期の後期、排卵の8〜1日前になると、観察されるのは大型中間細胞と表層細胞だけになります。発情前期の終了時には表層細胞、赤血球およびかなりの量の細胞屑が見られます。

妊娠も交尾もしていないのに、ボロ布や新聞紙で巣を作るような行動をとったり、乳汁を分泌する場合があります

　そして、発情期、排卵の1日前から4日後になると表層細胞はすっかり角化し、さらに核も染まらなくなるので無核に見えます。また、赤血球も見られません。発情休止期、排卵の7〜13日後になると白血球が出現してきます。他に大型および小型中間細胞、表層細胞、赤血球、発情後期細胞なども見られます。つまり、白血球が出現したら、それは発情の終わりを意味しているということなのです。

10 偽妊娠

　偽妊娠とは、営巣活動をしたり母性行動を示して、まるで自分の子供のようにぬいぐるみをくわえて歩いたり、乳腺が発達して乳汁を分泌するような状態をいいます。これは発情期の終わりにプロゲステロン（ジェスタージェン）が通常よりも急速に降下した時、それに反応してプロラクチンが急に増加した場合に、発情後期に起こるホルモンの変化や、その変化に対して個々の雌犬の応答が過度に現われたものといわれています。

　偽妊娠の多くはおおよそ1カ月で自然消退することが多いのですが、中には1カ月以上持続したり、症状の重いものも見られます。この場合には、薬物による治療が必要です。

　また、育児をしている時と同じように乳汁が分泌されるのですが、乳汁が出るからといっておもしろがって乳汁をしぼり出していると、乳腺が刺激されてどんどん発育してしまい、乳腺炎を起こしてしまうことがあるので、乳腺をあまり刺激してはいけません。

CHAPTER

9

早川　靖則

遺伝性疾患の管理

1 先天性異常

ほとんどの犬種で先天性異常が確認され、その原因も様々です。先天性異常は、生まれつき体形や機能に異常があることをいいます。胎児の発生の段階から、また発育を通して、異常が生じてくるのです。この異常の多くは、発生や発育の異常から来るものですが、一部に遺伝子由来と考えられるものもあります。

　これらの異常な胎児が生まれてくる確立は1～2%といわれていますが、まだまだ研究調査の段階にあります。胎児が発育して行く過程で母犬が病気にかかり、やむをえず薬物を服用したりすることで、胎児に何らかの影響があり、異常をきたすこともありえます。妊娠犬は、薬物の投与や食事（高タンパク食でビタミンA、B群、Eそれにリンとカルシウムのバランスがとれるような）に気を配ってください。

　また、これは人類にもいえることですが、環境中の化学物質も異常発生の原因になると思われるものの、なかなか証明することが困難です。生まれてきた子犬を見て、異常がまったく認められないかどうかは、すぐには判らないことがほとんどです。というのも、成長するにしたがって異常が出てくる病気もしばしばあるからです。

2 遺伝性疾患

先天性の異常の中でも、同じ異常が代々受け継がれていけば、それは遺伝病として調べていく必要があります。もしそれが遺伝性疾患となれば、治療はもとより、繁殖の制限をしていかなければなりません。優秀な犬を産ませることは、単に外観や気質だけではなく、このような遺伝性疾患の排除にもつながります。血統書は、この意味も含めて考えていかなければなりません。

　遺伝性疾患を調査していく上で、血統の表現型を見たり(家系調査)、その犬の遺伝子型(形質)を調べなければなりません。表現型とは、その疾患の兆候が見られるかどうかということで、現実的な病気の診断が行なわれます。遺伝子の検査では、表現型では隠れていてわからなかったキャリアーなども見つけることができ、計画的な交配による繁殖ができるのです。イギリス

祖父・父・子・孫・ひ孫と、5代にわたって先天性異常が見られない、健康な一族。同じ先天性異常が受け継がれるようなことがあれば、遺伝病を排除するためにも、繁殖すべきではありません

やアメリカでは、個体識別と同時に遺伝性疾患を減少させるために、遺伝子検査のデータを登録する活動が始まっています。

日本では競走馬で個体識別の遺伝子検査が進んでいますので、犬の世界にも活用される時代もすぐそこまでやってきています。しかし、現在ではまだ数種類の疾患しか検査できないのが現状で、早期の実現が望まれます。

とはいえ、今後、犬の遺伝子検査が充実してきても、解決しない異常も多いでしょう。これは多因子性遺伝といい、複数の遺伝子形質と、環境因子が組み合わさって発症するタイプです。まだしばらくの間は、表現型を主体に診断し、適切な繁殖によって遺伝性疾患をなくしていかなければなりません。

3 さまざまな遺伝性疾患

股関節形成不全（HD）

　成長期における四肢の疾患の中では古くから知られ、大型犬が増加している今日では、発生も多い病気です。四肢の関節は、骨膜から移行した強い靭帯構造の関節包によって被われ、その内部は関節液で満たされています。股関節を形成する骨格は、骨盤の寛骨という骨と、ひざから股にかけての大腿骨です。寛骨の関節部位はいわば受け皿で、臼のようになっているので寛骨臼といい、大腿骨の関節部位は、頭の先のように半円形になっているので大腿骨頭といいます。大腿骨の先端の大腿骨頭は、寛骨臼の中にすっぽりとはまり込み、スムーズな動きで、後肢からの推進力を背腰部に伝える働きをします。

　股関節形成不全は、成長期にこの関節の緩みが起こり、骨軟骨症から関節の変形を生じてくる病気です。寛骨臼が浅くなり、大腿骨頭が扁平になるような変形や、緩みの程度によっては、脱臼を起こすことになります。

　このように形成不全を起こしてしまった関節は、正常な形に治ることはなく、生涯、関節の変形が持続したままで、慢性関節炎を伴い、痛みを発生することも珍しくありません。前肢に重心がかかり腰を大きく振って歩く状態は、股関節の亜脱臼が考えられ、立ち上がる動作がぎこちなかったり活発な運動をしなくなったら、一度獣医師の診断を受けてください。

　原因については、遺伝性の疾患とされてはいますが、明確には解明されていません。成長期の過剰な体重と、激しい運動がきっかけとなるとも言われています。股関節形成不全と診断されたら、歩様のふらつきの程度、疼痛の有無、レントゲン検査所見の評価によって、治療方針が決定されます。

　温存的療法で患肢の機能を改善する場合は、痛みをやわらげる薬物療法を中心に、適正体重の維持、運動制限などをしていくことになります。補助的に栄養食品として販売されている グルコサミン、コンドロイチン、キチンキトサンなどが関節の強化に有効とも言われています。

　外科的療法により患肢の機能を再建する場合、一つは大腿骨頭切除術によって関節形成するやり方で、疼痛の軽減を目的とした、体重の軽い犬種に適用されます。もう一つは、犬用の人

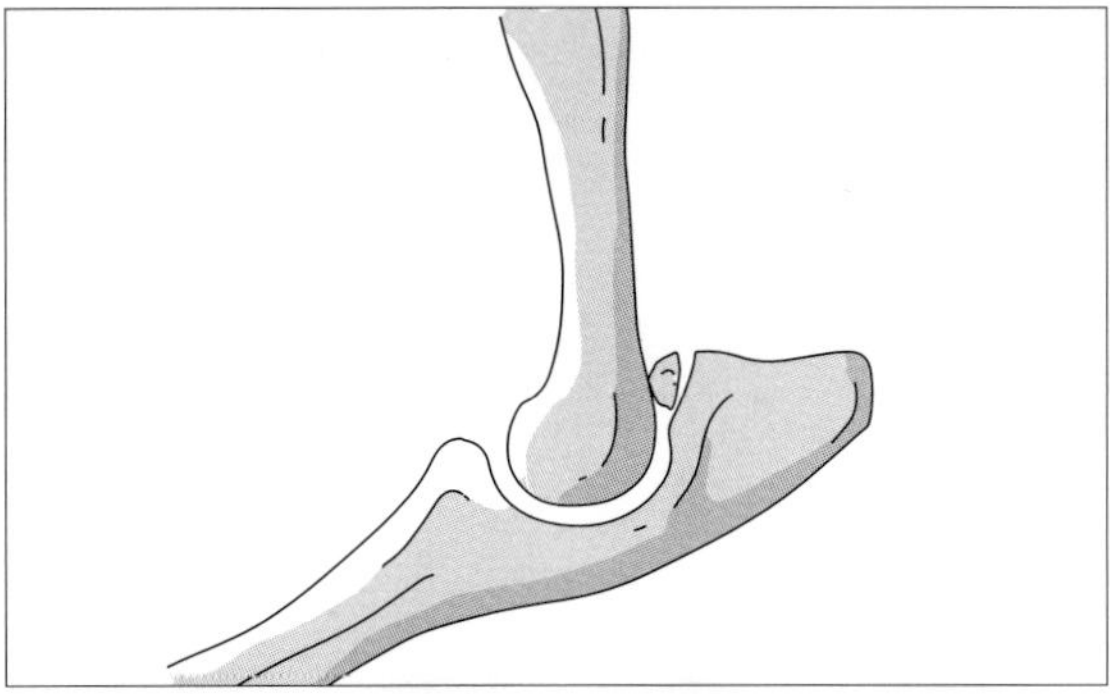

肘関節形成不全
肘関節を構成する3本の骨が、同じスピードで成長しないとこうした形成不全に。歩く様子に少しでも異常があれば、早めに診察を受けましょう

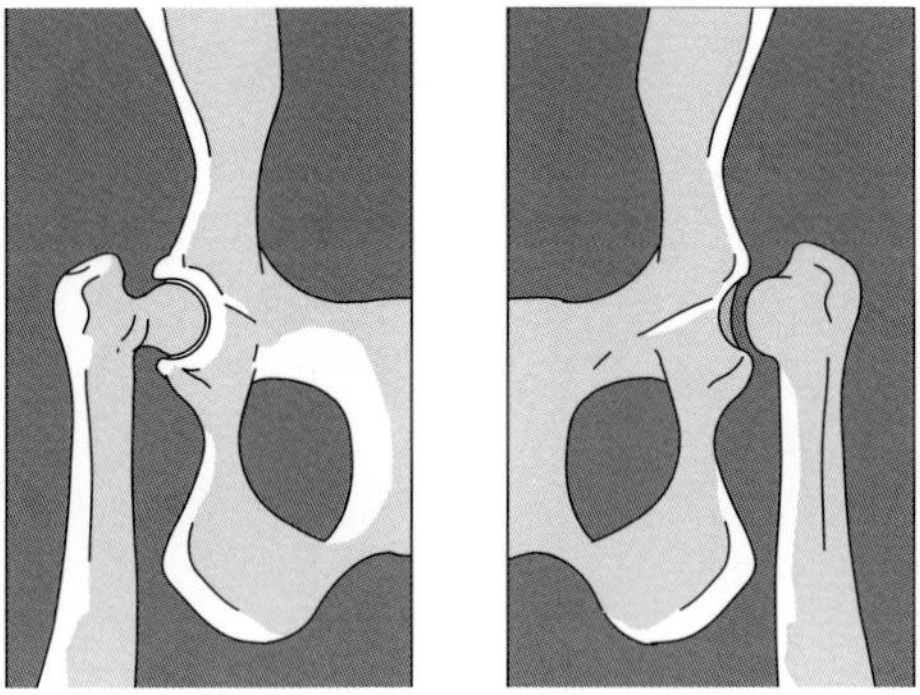

股関節形成不全（左）正常（右）不全
成長期にこのように関節が変形してしまうと、生涯、慢性関節炎を患うことに

工股関節を使用した、股関節全置換術です。大手術となりますので、機能の回復の程度や治療期間とその経費について、よく説明を受けた方がよいでしょう。

肘関節形成不全（ED）

　成長期での四肢の疾患の中で股関節形成不全に次いで多い、前肢の病気です。肘関節を構成する骨格は、肩から肘にかけての上腕骨と、肘から手首にかけてのとう骨と尺骨です。肘関節は、上腕からの負重の大半をとう骨頭が水平に受け、尺骨頭はこう状突起が斜めに負重を受ける関節構造です。犬は体重の七割を前肢で支えているといわれ、とりわけ肘は、きわめて複雑な運動の制御を果たしているのです。肘関節は、三本の骨で構成されているので、わずかな成長プログラムの異常でも、三本の骨が同じスピードで伸びないと構造に不都合が生じます。

　肘関節形成不全は、成長期における肘の構造の不一致で、上腕骨が尺骨の肘突起を壊したり、とう骨が少し短いと上腕骨が滑り、尺骨のこう状突起を壊したり、尺骨が成長せず短く、上腕骨を収めきれないという状態が起こることです。人間の骨は、15～20年という年月をかけてゆっくりと成長していきますが、犬、とくに大型犬は、8～10カ月という短期間で骨や関節が成長してしまうのです。肘関節形成不全も股関節形成不全と同様、各部位がこの成長スピードについていけるよう、肥満や、過激な運動には気をつけなければなりせん。歩く時、前肢をかばったり、挙上して三本足で歩いたりする異常がひどくなれば、どこに痛みの場所があるのかを確認してください。痛みがないか先天性網膜萎縮症を発症すると、1～2年で失明してしまいます。歩行中、物にぶつかったり足を踏み外したりするようなら、診察を受けてください

らといって様子を見過ぎると、とり返しがつかなくなりますので、早めの診察が望まれます。

原因については、遺伝性の疾患ではないかとされていますが、ホルモン（上皮小体ホルモン、カルシトニンなど）の異常、ビタミンA、D、Cの欠乏、カルシウムやリンの吸収障害などの要因も関わっていると考えられます。骨の成長のためにと、カルシウムを過剰に投与することは、かえって形成不全の原因にもなります。これは、高カルシウム血症となった生体をカルシトニンというホルモンが抑制しようとし、慢性的な高カルシトニン症を引き起こすためです。これにより骨の成長に異常が起こり、関節軟骨の成熟を遅らせます。このことは、股関節形成不全にも当てはまります。

治療は、ケージレスト（ケージの中で安静にしておく）による温存療法で、痛みの軽減や炎症を抑える薬物療法も行ないます。また、適正体重の維持も忘れてはならないことです。外科的療法においては、原因となる尺骨かとう骨を短くする骨切り術や、肘突起をネジでとめる固定術などの方法を選択します。

先天性網膜萎縮症（PRA）

目の遺伝性疾患の中では、先天性白内障と並んで多い病気です。網膜は水晶体（レンズ）のさらに奥で、スクリーンのように像を映す大切な組織です。網膜に映された像は電気的な信号に変えられて脳に伝えられるのですが、この光受容器である網膜が進行性におかされていき、最後には失明してしまうのです。先天性網膜萎縮のほとんどは、成犬になってから発生しますが、一部の犬種（コリー、アイリッ

シュ・セッター、ノルウェイジアン・エルクハウンド、ミニチュア・シュナウツァー、ミニチュア・ダックスフント、ミニチュア・プードルなど）では、若い時期に発生するといわれています。

　この病気は、痛みや不快感はないのですが、視力障害が進行していきます。はじめは夜や暗い場所での視力障害（夜盲）が起こり、徐々に明るい日中の視力も低下（昼盲）が進み、1～2年で視力がまったく失われます。この病気はゆっくりと症状が進行していきますので、飼い主がそれに気づかず、失明してから来院されることもよくあります。幸い、犬はこの視力低下を人間よりはるかに鋭い他の感覚器で補うため、不便は少ないようです。

　歩行中に物にぶつかったり、足を踏み外したり、瞳孔が開いたままになっていたら、獣医師の診察を受けてください。診断には、眼底鏡で眼底を見たり、網膜の電位を測るなどの精密検査が必要です。また、常染色体劣性遺伝であることが分かっていますので、遺伝子検査でも、病気にかかっているものと、症状は出ていないものの次の世代に病気を広めるキャリアーも判別できます。発病していれば繁殖させないことはもちろんですが、キャリアーであると判明した場合も、家族歴などを調べ、子孫に病気を伝えないようにしなければなりません。

その他の遺伝性疾患

☆水頭症

　頭蓋骨の内部には脳の組織が詰まっていて、その隙間には脳脊髄液が満たされた脳室があります。何らかの原因で脳脊髄液が増加すると、脳圧が上がり脳が圧迫され、様々な神経症状を現わします。チワワ、ポメラニアン、パピヨン、プードル、ヨークシャー・テリア、ペキニーズなどに発症することがあります。治療には、脳脊髄液の生成を抑えたり、排泄を促す内科的治療と、脳圧を下げるために、脳脊髄液をドレインを介して腹腔に流す外科手術があります。

☆突発性（真性）てんかん

　脳の神経細胞に気質的な変化があるてんかんの発作とは区別して、原因がはっきり分からず、脳に気質的変化がないものがあります。後者は、遺伝的な病気として、1～3歳の若い時期から発生し、ジャーマン・シェパード、ビーグル、ダックスフント、ゴールデン・リトリーバー、シェットランド・シープドッグなどに見られます。てんかんの発作が長く続いたり、頻繁に起こる場合は、死に至ることもある病気です。このような場合は、抗てんかん薬の投与が必要となります。

☆ナルコレプシー、カタプレキシー

感情が変化する時や興奮した時に、全身の力が抜けて倒れたり、睡眠に入ってしまったりする発作があります。脳内にはっきりとした気質的変化もなく、原因は不明です。痙攣発作や筋無力症、虚脱、失神などの症状は、他の病気との鑑別が重要です。

☆先天性聴覚障害

内耳の聴覚器の異常により、片耳あるいは両耳で音が聞こえない、あるいは聞こえにくいという難聴の症状が現われます。ダルメシアンでは発生が多く、ブルテリア、サモエド、グレイ・ハウンド、イングリッシュ・セッターなどにも見られます。実際にどの程度の障害があるのかを調べるのは難しいことで、内耳の聴覚検査は一般的ではありません。この障害のある犬は、毛色が白く、虹彩の色が青いことが特徴です。難聴の犬は意外と多いといわれ、軽度の難聴や片耳だけの難聴ですと、行動からはなかなか気づかないことが多いのです。治療方法は、現在のところありません。

☆腎臓の異形成、無形成

腎臓の組織の異常な発生と発達が進行していきます。子犬の時からの腎機能低下は、慢性腎不全に移行し、完全治癒は望めませんが、腎臓に負担がかからないような低タンパクの食事と薬物療法で、進行を遅くすることが大切です。症状が現われる時期は、数週間から2歳頃が多いようです。シー・ズーでの発症率が高い病気ですが、他の犬種にも見られます。

☆睾丸停滞（陰睾）

精巣は、胎児の時は腹腔の腎臓の後ろにありますが、しだいに移動し、そけい部を通り、陰嚢内に入ります。生まれて数カ月以上たっても片側、あるいは両方の精巣が腹腔内に停滞し、陰嚢に存在しない病気を睾丸停滞といいます。腹腔内の精巣は、腫瘍化しやすく、女性ホルモンを分泌する病気になることも珍しくありません。腫瘍化してからでは遅いので、摘出手術が望まれます。また、ドッグショーに出場する場合、この病気で睾丸がなければ、失格となるでしょう。

☆若年性糖尿病

糖尿病は、膵臓から分泌されるインスリンの量が少ないタイプと、インスリンに対する効果が悪くなるタイプに分けられます。糖尿病は血液中のブドウ糖の量（血糖値）が増し、尿中に糖が排泄される内分泌疾患です。

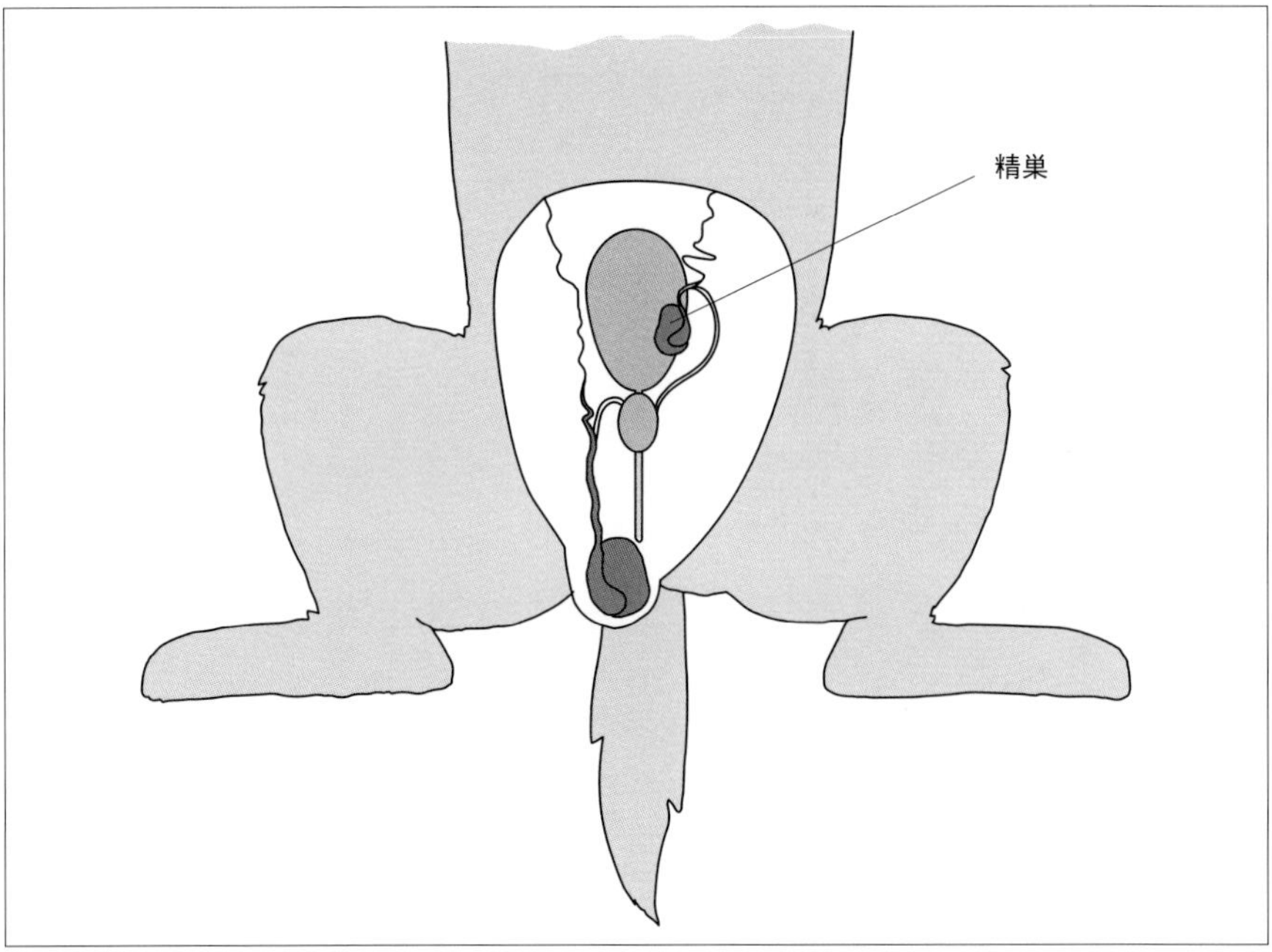

睾丸停滞
精巣が腫瘍化しやすいので、摘出手術を受けるべきでしょう

一般的な糖尿病は6歳以上の発生がほとんどですが、数%が1歳未満で発生し、これはインスリンの分泌量が少ないインスリン依存性のタイプで、若年性糖尿病といわれています。この場合は、血糖値を見ながら、インスリンの注射を毎日していかなければなりません。また、食餌療法と合併症にも注意をはらうことになります。

☆血友病Aと フォンビリブラント病

血液は、血管外に出ると、フィブリンが血液を固める作用をして、凝固します。血液を凝固させる反応にはさまざまな成分が関与していますが、血友病Aでは第Ⅷ因子の欠損、フォンビリブラント病ではフォンビリブラント因子の欠損異常によって、血液が凝固しにくくなります。血友病Aは最も多い凝固異常の病気で、かかるのは雄がほとんどです。フォンビリブラント病も出血傾向を示す病気で、これは遺伝子検査ができますので、診断に役立ちます。

☆ホスフォフルクトキナーゼ欠損症とピルビン酸キナーゼ欠損症

酵素の異常で赤血球が壊れやすくなり(溶血)、貧血を引き起こす病気です。粘膜が蒼白だったり、運動を嫌ったりする貧血症状を現わします。ホスフォフルクトキナーゼ欠損症は、遺伝子検査が可能です。

☆先天性白内障

水晶体（レンズ）や、それを覆っている膜が白く不透明になり、光を感じにくくなる病気です。白内障は、老年性、若年性、糖尿病性、栄養性、外傷性などがあります。老年性の白内障は、8～10歳になると徐々に進行してゆく、大変多い目の病気です。若年性の白内障は、発生率は低いのですが、ほとんどが遺伝性です。薬剤による治療では充分な効果が望めず、外科手術による眼内プラスチックレンズの移植が必要となります。

☆先天性の心臓病

心臓に送りこまれた血液は肺に入り、酸素をもらって再び心臓から全身の組織へと送り出されます。その血液は、流れの順に各部位を挙げると、大静脈↓右心房↓三尖弁↓右心室↓肺動脈弁↓肺動脈↓肺↓肺静脈↓左心房↓僧帽弁↓左心室↓大動脈弁↓大動脈と、流れていきます。

先天性の異常では、かつての血液の通り道である胎児期の血管や心臓壁の異常も加え、大変多くの病気があります。心臓病全体から考えればそれほど多い病気ではありませんが、たくさんの犬種に発生し、とりわけ純血種の発生率は高いといえます。障害の程度によっては早期に死亡する子犬もいますが、軽い場合は無症状のことも多いでしょう。

診断は、聴診によって異常が発見され、レントゲンや超音波によって確定されます。動脈管開存と右大動脈弓遺存症は外科手術が施されますが、その他の疾病では対症療法として投薬が行なわれます。運動制限にも気をつけて、心臓に負担をかけないでください。

主な先天性の心臓疾患として、次のようなものが挙げられます。

【動脈管開存症】 胎児期には大動脈と肺動脈はつながっていて、出生後、自分の肺で呼吸するようになると、そのつながりである動脈管(ボタロー管)は必要なくなります。この動脈管が残るために大動脈からの血液の逆流が起こる病気です。

【右大動脈弓遺存症】 胎児期には、左右の大動脈弓が存在しますが、出生後も右大動脈弓が残り、食道を締めつけて、食事の通過障害を起こす病気です。

【心房中隔欠損症と心室中隔欠損症】　胎児期には、右心房と左心房の間の壁に卵円孔という穴が開いていますが、出生後には閉鎖して中隔の壁を形成します。この穴が残ってしまう病気を心房中隔欠損症といいます。同じように心室の壁に穴や隙間があいている病気が、心室中隔欠損症です。どちらの病気も、穴の大きさによって発症の時期や症状が違いますので、時には無症状のこともあります。

【大動脈狭窄症と肺動脈狭窄症】　大動脈や肺動脈の根元が先天的に狭いため、血液の流れが妨げられます。狭窄の程度によって発症の時期や症状が違います。

【ファロー四徴症】　心室中隔欠損症、肺動脈狭窄、右心室肥大、大動脈の右方変位の四つの先天異常をもつことから、四徴症と呼ばれます。肺をパスした酸素を充分含まない血液が、大動脈に混ざって全身に送られてしまうので、チ

心房中隔欠損症
右心房と左心房の間の壁に、胎児期の穴が残ってしまう病気です

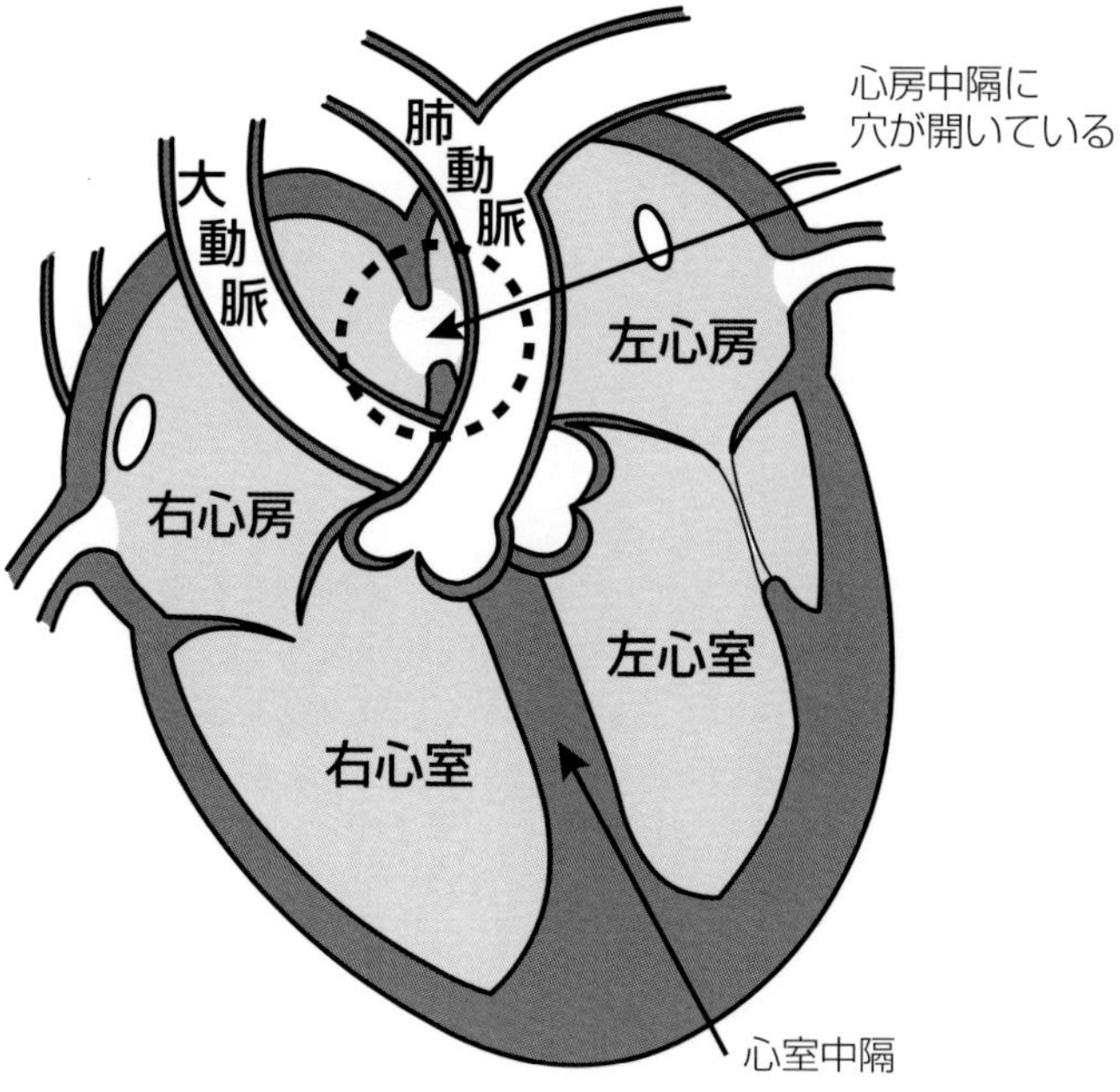

アノーゼを引き起こします。

☆先天性新陳代謝異常（ベドリントン・テリアの銅貯蔵疾患）

ベドリントン・テリアに起こる、食物中の銅が肝臓に貯留し中毒症状を起こす病気です。肝炎から肝硬変へと進行する常染色体劣性遺伝の病気です。遺伝子検査による診断も可能です。銅の含有が少ない食事や処方食を与え、肝臓に対する薬物療法を行ないます。

☆腫瘍

組織中の細胞は、絶えず新陳代謝をしていて細胞分裂をします。このとき、細胞の遺伝子に異常が起こると、異常な組織が増殖します。これを腫瘍化といい、この腫瘍の中でとくに悪いものを悪性腫瘍（ガン）と呼びます。腫瘍はさまざまな原因で発生しますが、遺伝もそのうちの一つです。ある種の遺伝形質に他の因子（食事中や環境中の化学物質など）が作用して起きる、多因子性遺伝のことも多いでしょう。純血種の維持と改良の過程で、近親交配によって固定された犬種には、腫瘍を起こす遺伝形質も受け継がれることもあります。リンパ肉腫、肥満細胞腫、悪性組織球腫などは、遺伝性疾患ではないかといわれています。家系調査が人間のようにはっきり分かれば、もう少ししっかりと解明できるのでしょう。

いずれの腫瘍も早期発見が第一で、体表にできるものは発見しやすいので、とくに気をつけて観察してください。早期発見すれば腫瘍組織の切除と抗癌剤治療で治る場合もありますが、再発を繰り返すケースも少なくありません。

形成外科手術を必要とする疾患

☆口蓋裂

出生時には癒合すべき口蓋が閉鎖せず、口腔と鼻腔がつながっている先天異常で、授乳する時に乳汁が鼻に入って飲みづらく、誤嚥を引き起こします。

☆後肢の狼爪

犬の前肢の指は第1～第5指までありますが、後肢の第1指（親指）は退化して、無いのが正常です（ただし、セント・バーナードやグレート・ピレニーズでは生まれつき付いているのが正常です）。この親指、つまり狼爪は、爪が伸びすぎて肉球に刺さったり折れたりするので、切除術を施します。

☆臍ヘルニア

へその周囲の筋肉が、出生後閉鎖せず、内臓の臓器が腹膜をかぶったまま脱出するのが臍ヘルニア（いわゆる出べそ）です。ヘルニアが大きくなる場合は、腸が脱出し通過障害を起こしま

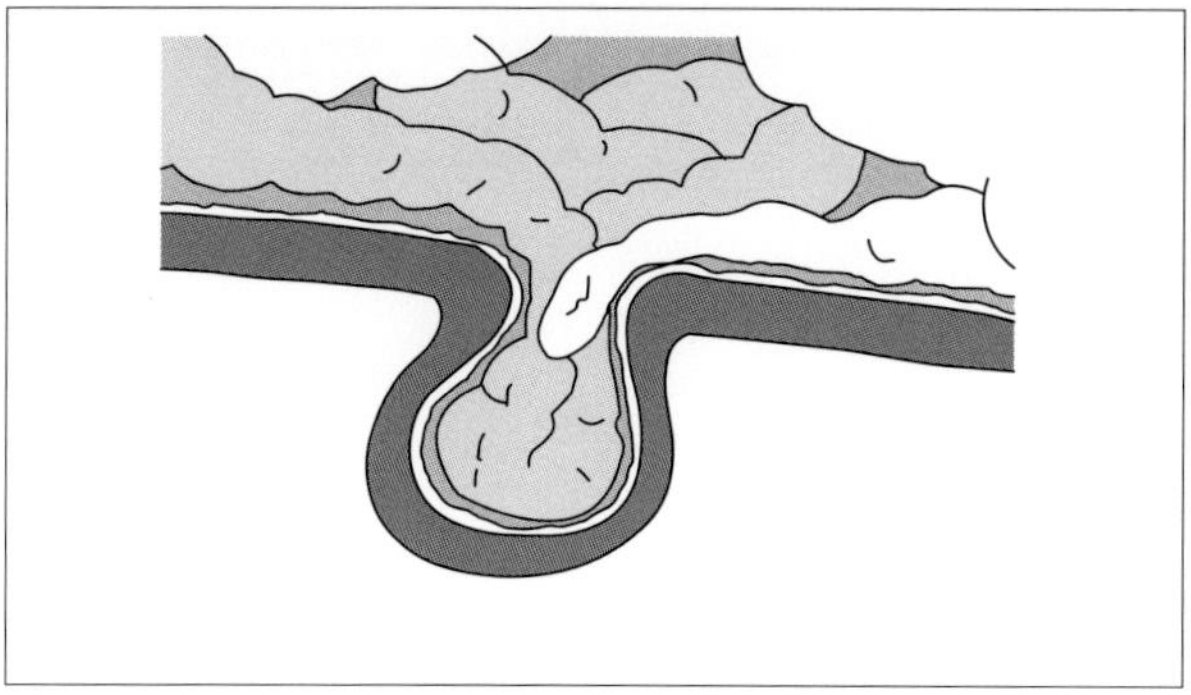

ヘルニアの断面
へそやそけい部の筋肉の穴から臓器が脱出してしまう症状です

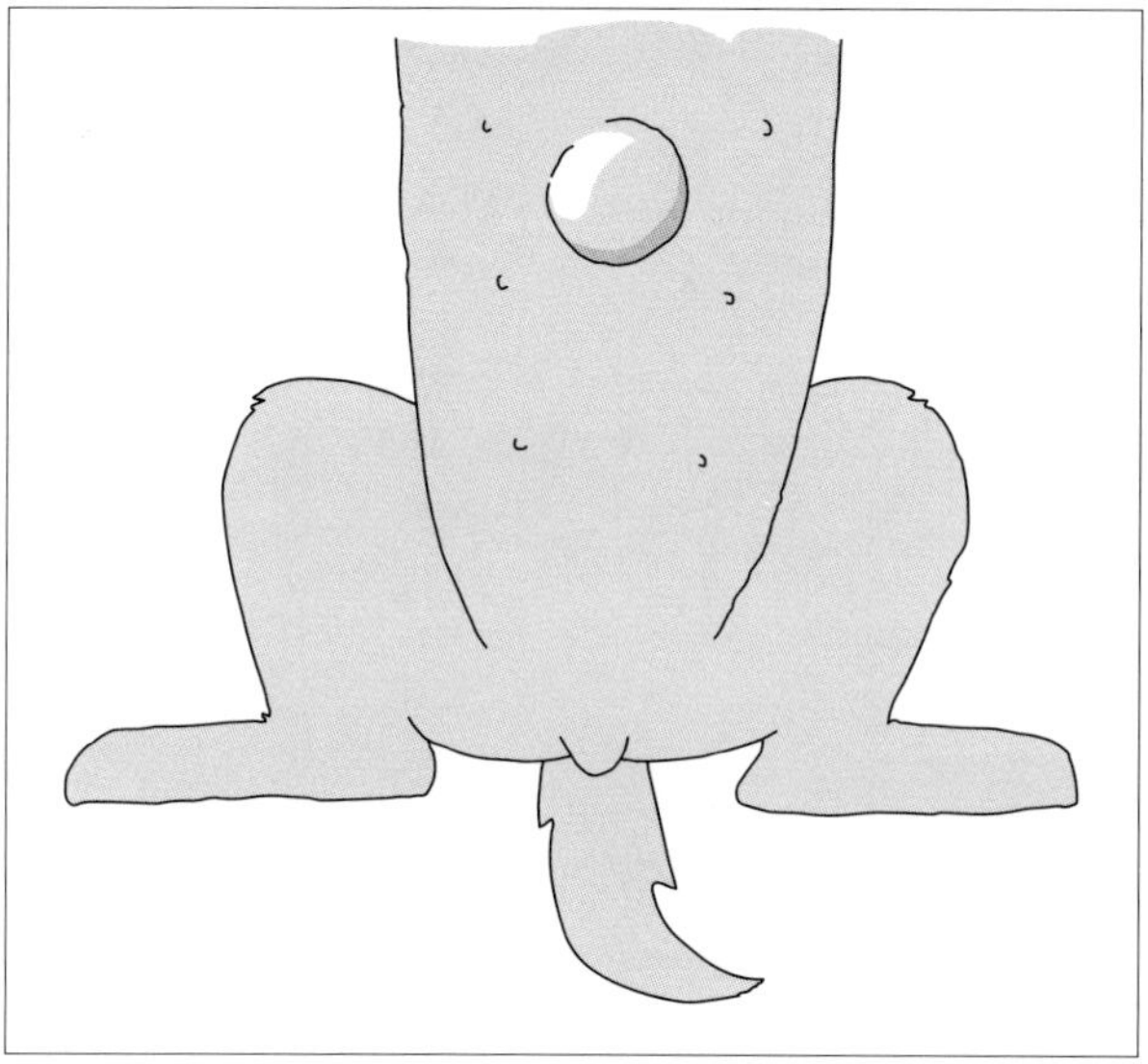

臍ヘルニア
いわゆる出べそですが、注意が必要です

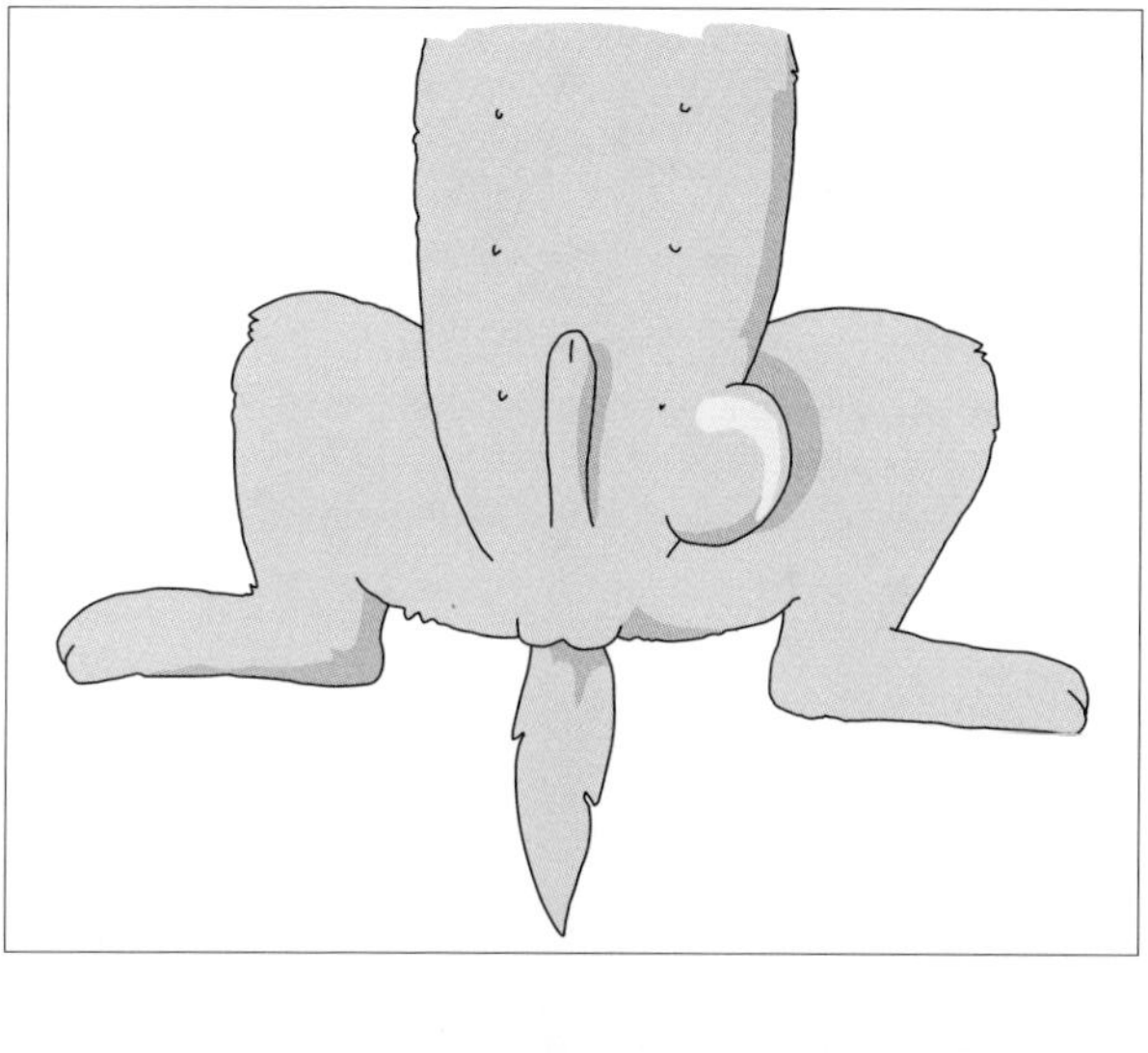

そけいヘルニア
放置していると大きくなるので治療を

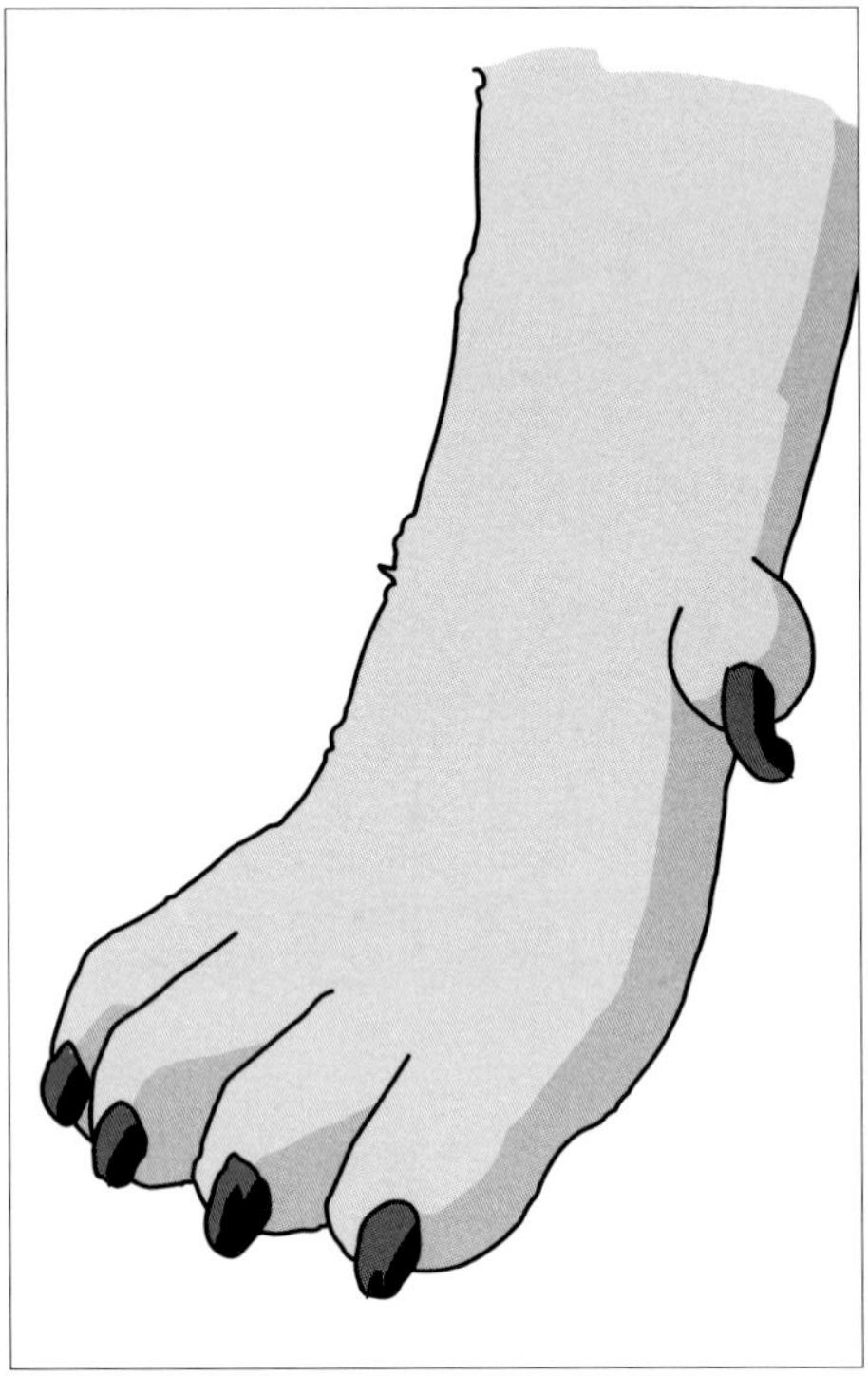

後肢の狼爪
通常退化しているべき後肢の第１指があると、爪が伸びすぎて肉球に刺さったりします

すので注意してください。

☆そけいヘルニア

太ももの付け根はそけい（鼠径）部といい、そけい輪という血管や神経が通る穴があいていて、その部分の筋肉は、薄く破れやすい場所です。筋肉が破れ、腸間膜や小腸、膀胱が脱出する病気が、そけいヘルニア（いわゆる脱腸）です。放置しているとだんだん大きくなりますので、早めに治療するとよいでしょう。

☆眼瞼内反症

まぶたが内側に入り込み、まばたきするたびにまつ毛が角膜を刺激し、結膜炎や角膜炎を引き起こす病気が眼瞼内反症です。重症な症例では角膜が白く混濁し、視力障害に陥ります。

☆眼瞼外反症

内反症とは反対に、まぶたがまくれ上がっている状態が外反症です。

遺伝性疾患の中でも、これらの障害は、外科手術（第5章『形成術について』を参照）で治療できる病気です。外見から簡単に見分けがつきますので、診断は容易です。

手術の時期は病気によって違いますので、獣医師の指示を受けてください。

繁殖を考えるなら、愛犬はもとより交配相手にも遺伝性疾患がないことを十分に確かめて。このマルチーズたちのように健康な子犬が生まれるよう、最大限の注意を

4 遺伝性疾患の管理

長い歴史の中で、多くの犬は使役に使われ、その用途によって外観や気性は改良されてきました。その改良は時として、自然界では短所とされるようなことが、好ましいとされることもあります。極端に短い鼻、過剰な皺、短く曲がった肢、巨大になった頭などがそうです。純血種のその外観や体質は、遺伝的なもので、より強く固定化することで、さまざまな障害が発生します。

誤った繁殖によって引き起こされた障害は、今後、排除していかなければなりません。遺伝性疾患の発症は原因遺伝子の集積によるもので、限定された犬種に多く見られます。獣医学の発展と共に、いくつもの遺伝性疾患が確認されてきましたが、まだまだ遺伝様式や原因遺伝子の分布は研究段階にあります。

欧米では、ずいぶん前からこれらの遺伝性疾患をなくすために、繁殖には配慮をしてきました。これは、望ましい交配により、次の世代に原因遺伝子の拡大を阻止するためです。不幸にも生まれてきた、これらの疾患をもった犬たちの早期診断と適切な治療はもとより、不用意な繁殖で、再びその疾患を出さないようにしなければなりません。残念なことに、まだまだ遺伝性疾患の撲滅には時間がかかりそうです。

人の結婚は、とくに恋愛結婚の場合、愛があって初めてゴールインするわけで、まさか遺伝疾患の家族調査をしてから愛情が芽生えることはないでしょう。また、夫婦が共にガンや高血圧、

日本での遺伝性疾患のコントロールは、良心的な繁殖家の手にかかっています

糖尿病の家系だからといって、子供を作らないという話も聞きません。そうした意味においても、遺伝性疾患は、犬のほうがより計画的な原因遺伝子の排除が可能なわけです。

欧米の飼い主は、犬を飼う時から繁殖するかどうかを決めており、繁殖しない場合は、早期の去勢、不妊手術が行なわれます。繁殖する場合は、スタンダードにかなっていることはもとより、遺伝性疾患がないとされた犬のみに限られます。日本においては、これらのシステムがまだ確立しておらず、有能な繁殖家を中心に選択改良がされているのが実情です。愛犬を繁殖させる場合は、血統分析と、遺伝性疾患の家系調査を充分に行ない、子孫に病気が発症しないような繁殖計画を立てていただきたいものです。

CHAPTER 10

松崎　正実

人工授精

1 人工授精とは

人工授精とは、人為的に雄から精液を採取して、そのまま、あるいは一時保存し、繁殖適期の雌の生殖器内に注入することによって受胎させる方法のことをいいます。

１回で採取した精液を特殊な方法で小分けして、冷蔵または冷凍して保存することにより、優秀な雄の子孫を多くの雌の繁殖に、同時期に広範囲の地域で使用することができるようになります。また、その雄が死亡した後でも繁殖に供することが可能となっています。しかし、現在の日本の血統書を管理・発行している畜犬団体では、まだ人工授精による繁殖を正式に認めていないところもあります。

人工授精の歴史は古く、１７８０年にイタリアの生物学者が犬で行なったのが始まりで、その後、家畜の世界では、１９００年頃より実験、研究がなされ、１９５０年代頃より急速に実用化されてきました。とくに牛の繁殖は、ほとんどが人工授精で行なわれており、優秀な雄の子孫を生み出しています。牛の人工授精を行なう場合には、家畜人工授精師という資格が必要となっています。

動物園では、ジャイアントパンダなどの希少野生動物における繁殖にも人工授精が実施されていることは、世界的にも有名です。

犬については、精液を採取してすぐに雌の生殖器内に注入する方法はかなり以前より行なわれていましたし、現在もその方法がほとんどを占めているものと思われます。精液を保存して複数の雌に時期を違えて行なう方法も、最近では実際に行なわれるようになってきました。

2 人工授精の必要性

野生の動物では雌を獲得するために雄同士の戦いがあり、その結果、強い雄の子孫が自然な形で残されています。犬の繁殖では、純粋種を保存する意味合いや、血統書を取得するために、良質良形の雄が種雄として選ばれて交配されています。このような雄犬は交配に慣れているので、ときには人が雌を保定して交配を手伝うことがありますが、おおむね自然交配の形がなされております。

このように、犬では自然交配によって繁殖させるのが一般的

例えば気性の荒い雌の場合、交尾しようと
近づく雄に対して攻撃的になることも

ですが、何らかの理由で自然交配が不可能な状態である場合や、一方の犬が遠隔地にいる場合には、最終的に人工授精という手段によって繁殖をさせることが可能であり、状況によっては最善の方法の一つにもなりえます。

　自然交配には、雄と雌を一つの場所に放しておいて成り行きに任せる方法と、人が雌をしっかりと保定してやり、雄の交尾を手助けしてやる方法があります。しかし、人の手助けがあっても自然交配ができないことがしばしばあり、その原因の多くは、以下のように、その犬の性格や生活環境によるものや、不自然な状況が関与しているものと思われます。

性格に問題のある場合

☆飼い主に甘えてばかりいるような、過保護に育った犬では、他の犬を見ると異常に怖がって、近寄ることすら極端に嫌がります。

☆犬の気性が荒く、相手にケガを負わす危険性がある場合。

☆雌雄が同居していて慣れすぎている犬同士では、全く興味を示さなかったり、普段は仲が良いのに雌に発情が見られると神経質になり、雄を寄せ付けなくなることがあります。

☆犬が交配に慣れていない、または未経験な場合。

☆雄雌を自由に放している時には交尾意欲のある雄でも、雌が嫌がるために交尾ができないことがあり、人が雌を保定して手助けしてやろうとすると、雄の交尾意欲がなくなってしまうことがあります。

☆交配する場所が雄のテリトリーでない場合。雄は自分のテリトリーでは強くなりますが、知らない場所だと環境の変化を気にして交尾意欲をなくすことがあります。

どうしても上手く自然交配ができない場合

☆相手に比べて極端に体の大きさが小さい、または大きいと、交尾体勢はとっても交尾に至らないことがあります。

☆雌の生殖器に異常があると交尾できません。雌の生殖器そのものに異常がある場合には、外見だけではわからないことがあります。外陰部の未発育な雌では膣の腫脹が弱かったりしますし、膣そのものに肉柱や肉輪など、硬い筋肉組織による奇形があると、交尾することができなくなります。

☆雄に交尾意欲はあって、交尾体勢をとろうとするが、途中で止めてしまう場合。

☆後肢や腰に障害のある雄や、長毛種で腹部の毛が固まっていたりするとその痛みや、違和感で交尾体勢を止めてしまうことがあります。

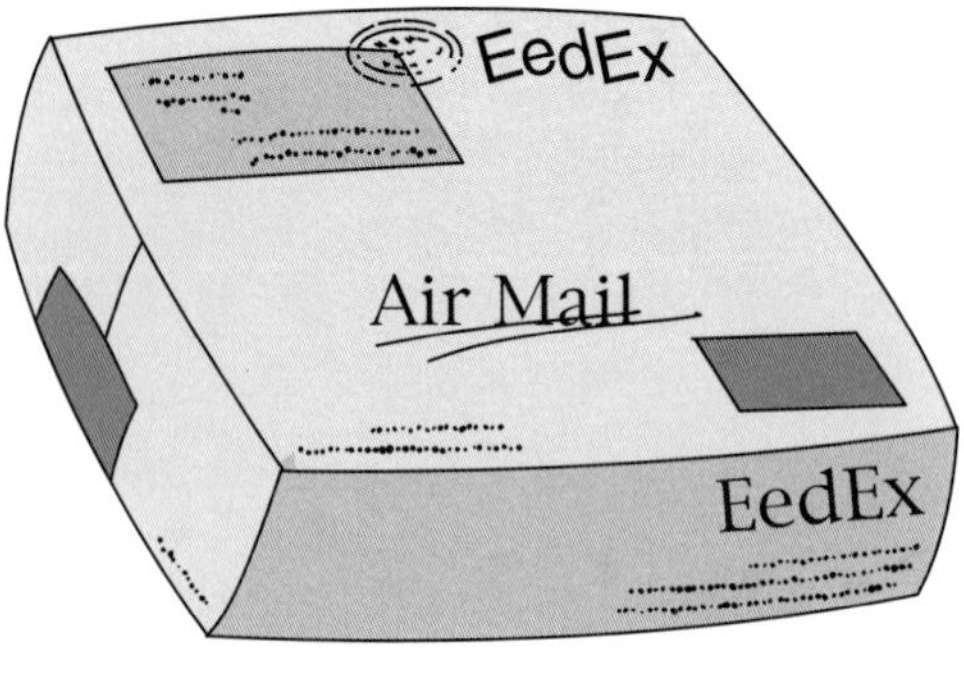

将来、凍結精液の管理・流通システムが確立されれば、海外の名犬の精子を取り寄せて繁殖することも、あたりまえになるかもしれません

3 人工授精の応用

犬の交配では、雄犬の飼育場所に雌犬を連れて行き交配するのが一般的ですが、前述のような自然交配が難しいような場合では、新鮮な精液を採取、注入することにより繁殖が可能です。また、雄犬が遠方で、雌犬をそこまで輸送することが不可能な場合には、雄の精液を採取、保存して輸送し、雌に注入することで繁殖させることが可能になります。これを応用すれば、外国の名犬の精子を輸送して、日本国内の雌に種付けして繁殖することも可能となります。

人工授精のメリット

☆自然交配が難しい、または不可能な場合にも繁殖させること

人工授精のデメリットは、入手した精液の信憑性に問題が出てくる可能性があります。流通にはまだ時間がかかると思われます

が可能です。

☆交配適期が同じ日に重なった数頭の雌に1頭の種雄の精液を分けて使用することができます。

☆雌の1回の発情期に、雄から1回で採取した精液を保存液で希釈して冷蔵保存し、3〜4日以内に2〜3回に分けて使用することができます。

☆生殖器の接触によって感染する病気を防ぐことができます。ただし、雄が病気を持っていた場合には、雌に感染する可能性があります。

☆凍結精液を用いれば、世界各国から優秀な雄の精液を空輸して繁殖し、世界的に有名な良質の血統の子犬を産ませることができます。

人工授精のデメリット

☆日本国内や世界各国から優秀な雄の精液を入手したつもりでも、その精液の信憑性に問題が出てくる可能性があります。犬の凍結精液の普及、流通にはまだ時間がかかると思われますし、その信頼性を確立するための組織もまだありません。

☆交配適期を見極めて的確な検査、処置ができる技術が必要です。

☆人工授精に用いる器具等の準備、消毒など手間がかかります。

☆凍結精液の場合には特殊な器械等が必要であり、その設備には高額な費用がかかります。また、技術的にも専門知識が必要となります。

4 人工授精の実際

雌が交配適期になっているのにどうしても交配がうまくいかないような状況になった時、人工授精を実施して繁殖を試みることができます。精液を保存する方法は難しいので、新鮮な精液を採取後、すぐに雌の生殖器内に注入する方法がよいと思われます。

注入するにあたり、精液の性状の検査をします。精子の活力（運動性）の検査、精子数（受胎させうるだけの充分な数があるかどうか）の検査、精子の形態（正常な精子と奇形のある精子の比率を見ます）の検査など、人工授精に使えるかどうかを顕微鏡で調べ、不適切な場合には使用しません。

注入方法には膣内深部に注入

精液を注入する時に使用する器具

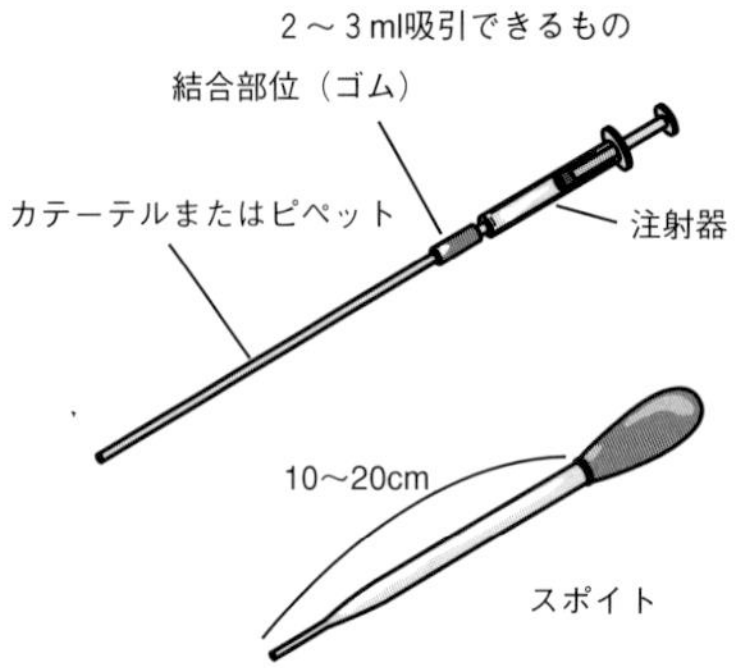

カテーテルまたはピペットと注射器をゴム管で接続して使用します。ゴム管は接続だけの目的ではなく、犬が動いた時にも安全です。スポイトは犬の大きさに合わせて10～20㎝くらいの長さが必要です

精液を採取する時に使用する器具

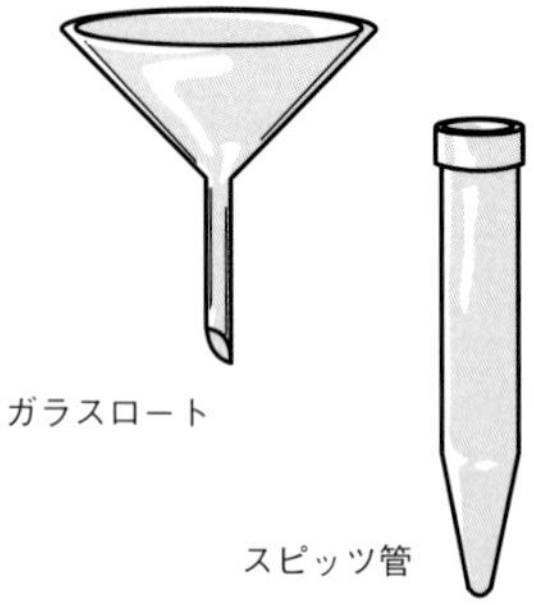

精液をガラスロートで受けて、スピッツ管に溜めます。ガラスロートに出てきた精液の色で、各分画の区別をして分画ごとにスピッツ管を交換して採取します

する非外科的方法と、開腹手術により子宮内に直接注入する外科的方法があります。外科的人工授精については動物病院に相談してください。

準備するもの

人工授精をするためには、雄から精液を採取する時に使用する器具と、雌に精液を注入する時に使用する器具を準備してから実施します。

採取に必要な器具としては、ガラスロート（ガラス製の小さな漏斗）、スピッツ管（試験管）3本（犬の精液は第1分画液、第2分画液、第3分画液に分けて採取します）を用意します。

注入に必要な器具としては、注射器、カテーテル、ピペット、大きめのスポイトなどを用意します。

採取方法

犬の場合には、陰茎マッサージ法で精液を採取する方法が一般的です。

まず、ペニスが勃起する前に、包皮を亀頭球の後ろまでめくり上げます。そして、亀頭球の後ろからリズミカルに圧して完全に勃起させます。一方の手にガラスロートにスピッツ管をセットしたものを持ち、精液を採取します。犬の精液は3分画に分けて採取できますので、各分画ごとにスピッツ管を取り替えます。

［第1分画液］　前立腺からの透明な分泌液で0・5ml～1mlくらいの量。

［第2分画液］　精子を多く含む乳白色～灰白色の液で0・5ml～2mlくらいの量。

［第3分画液］　前立腺からの透明な分泌液で5ml～20mlくらいの量。

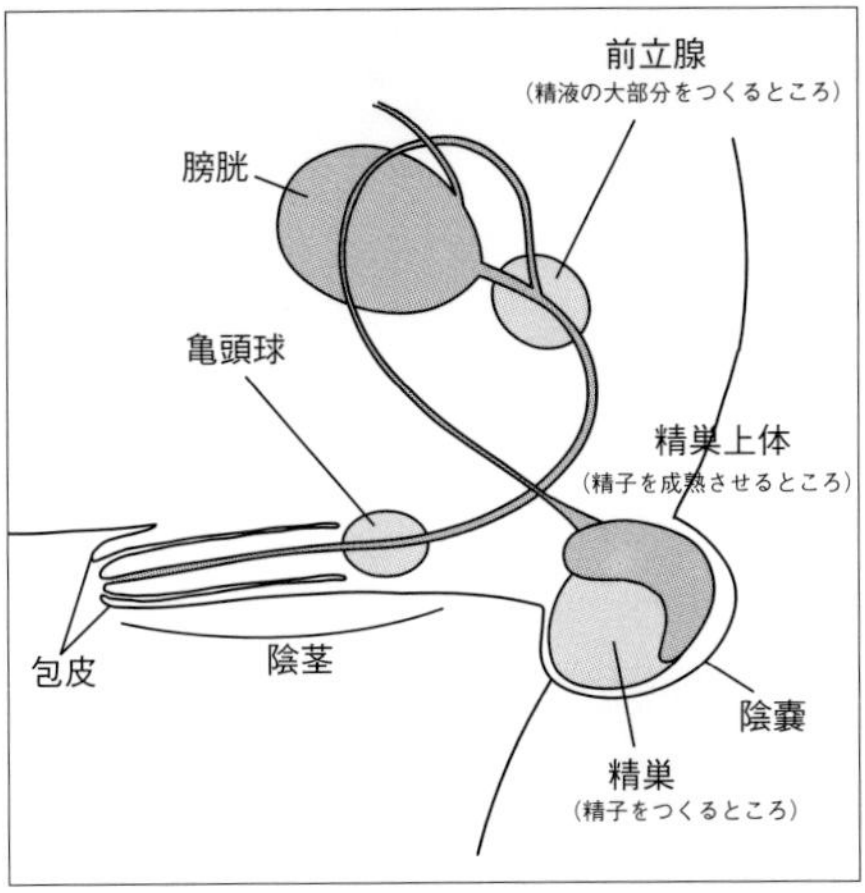

雄の生殖器
精子は精巣で作られ、精巣上体、輸精管を通り、前立腺の分泌液と共に尿道より排出されます

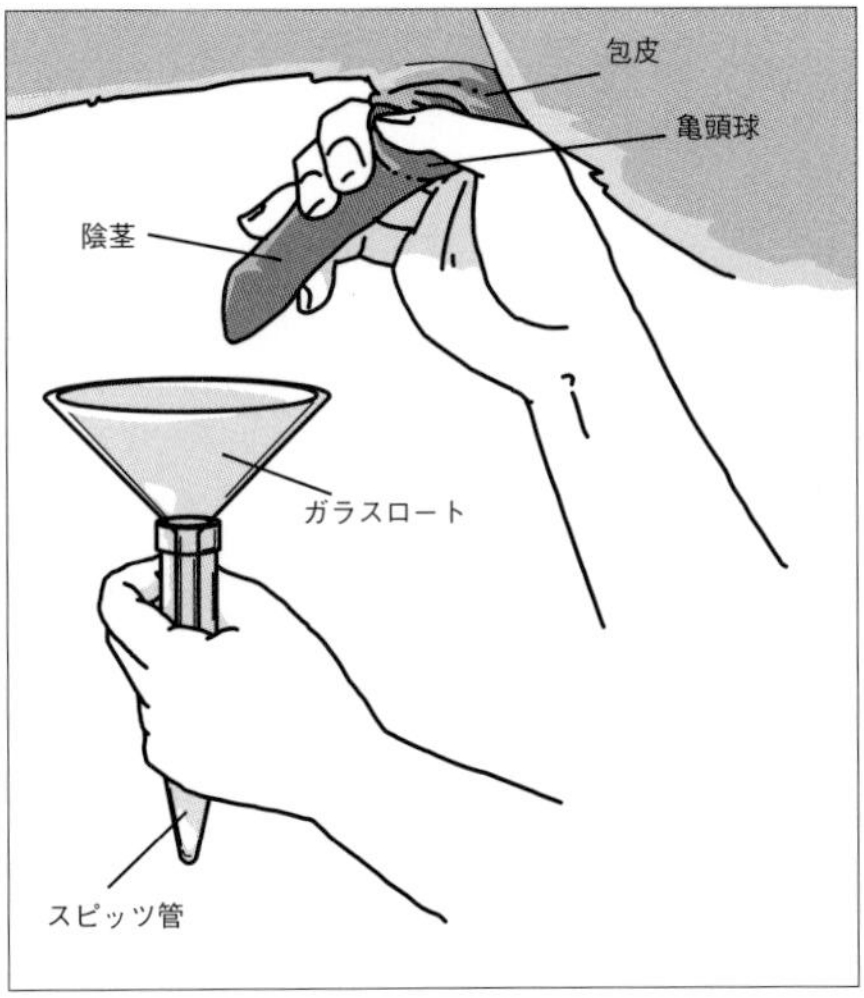

陰茎マッサージ法による精液採取
亀頭球の後ろからリズミカルに圧して、ペニスを勃起させ、精液を採取します

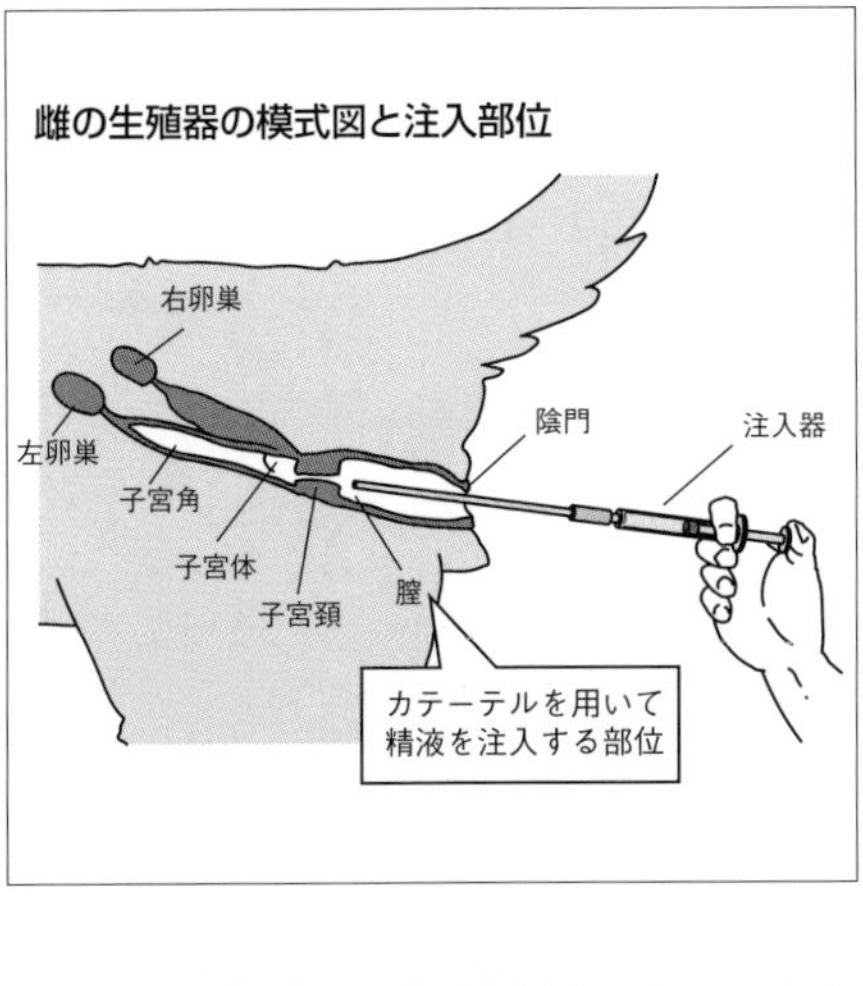

雌の生殖器と注入部位
雌犬の生殖器の構造上、経膣による子宮内注入が困難なため、膣内の深部に注入器やスポイトを用いて注入します

精液の採取方法には、陰茎マッサージ法以外にも、家畜で行なわれている人工膣法、野生動物などで行なわれている電気刺激法などがあります。犬でも人工膣法、電気刺激法で精液を採取することもできますが、陰茎マッサージ法が簡単で一般的です。

雌への注入方法

雄から採取した精液の第2分画液に第3分画液を加えて、犬の大きさに合わせて2～3mlにしたものを、注射器にカテーテルをセットした注入器に吸って、雌の膣の深部に注入します。

注入後の注意

注入後は、精液が逆流してくるのを防ぐ意味で、頭低尾高

犬の人工授精は今後、一般的になるかもしれませんが、やはり自然交配が主流であり続けるでしょう。写真の子も、もちろん自然交配で生まれました

（頭を低く、尻を上げて高くした体勢）の状態を5〜10分以上維持することによって、受胎率が向上します。小型犬のように体重の軽いものでは、後肢を持ち上げて逆立ちさせてやればこの体勢を維持できます。また、外陰部を指で軽く刺激してやりますと、膣の収縮が生じるため精液の子宮内への侵入の助けとなります。

5 人工授精の今後

犬の繁殖は本来自然交配によるものが主流であり、今後も変わりはないと思われます。しかし、人工授精の技術、研究は向上してきており、精液の保存方法などもしっかりと確立されていますので、今後一般的にも普及する可能性があります。ただし、純粋種の保存という意味での精液の管理、統轄ができるしっかりとした組織ができない限り、難しい問題がいくつもあると思います。また、凍結精液の場合には、精液を保存するための設備を所有することが大変な点も、普及をさまたげる原因になると思われます。

新鮮な精液を用いる人工授精であれば技術的にはそれほど難しいこともなく、交配適期の把握と、前述の用具が準備できれば、すぐに応用することが可能です。精液を希釈保存するためには、保存液の調整や保管方法などそれなりの設備、技術が必要となってきますので、専門の技術者の方に相談されるとよいと思います。

CHAPTER

11

野矢　雅彦

犬の避妊について

1 不妊の目的

不幸な犬をつくらない

犬を不妊する目的はいくつかあります。今ではほとんど見られなくなりましたが、以前は、犬を放し飼いにしていたり野良犬がいるなどの地域では、庭に侵入して飼っている犬と交尾し、知らぬ間に子犬が生れていたということがよくありました。飼い主は、生まれた子犬の処分に困り、もらい手のつかなかった子犬を川に流したり、箱に入れて捨てたりしていました。そういった環境の中にいる雌犬に、子供を産ませないようにすることが、そもそもの不妊の目的でした。

そして、もう一つの大切な目的は、股関節形成不全、先天性網膜萎縮症、心臓奇形等をはじめとする先天性異常を次の世代に伝えないようにすることです。

家族として暮らすために

また、近頃は、必要とされない不幸な子犬を増やさないこと以外の目的で、不妊をする家族が増えています。室内で犬を飼う家庭が多くなってきたことで、雌犬の発情出血や雄犬の排尿時の足上げで床や家具が汚されるのを防ぐためであったり、攻撃性を減らし家族との暮らしを楽しいものに変えるための一手段としてだったり、ホルモン性皮膚疾患の治療目的であったりと、さまざまな目的で不妊が行われるようになってきました。が、最も多くなってきたのは、愛犬が高齢になってから起こる可能性の高い病気に対する予防効果を目的とする不妊です。

2 不妊手術の利点

避妊による病気予防効果

雌犬では乳腺腫瘍、子宮蓄膿症、卵巣腫瘍等、雄犬では睾丸腫瘍、肛門周囲腺腫、前立腺肥大、前立腺ガン、会陰ヘルニアなどが予防目的となる病気です。とくに乳腺腫瘍（悪性であれば乳ガン）の発生率はとても高く、雌犬に見られる腫瘍の中で最も多い腫瘍といわれています。

乳ガンには、その悪性度によって、すでに転移しているものから転移しないものまで、いくつかのタイプと段階がありますが、転移する場合にはほとんどが肺に転移しますので、ガンの末期には呼吸困難を起こし非常に苦しんで亡くなります。また、子供を出産したことのある母犬でも乳腺腫瘍は発生します。しかも、ガンを発生させてしまってから後悔しても「すでに時遅し」なのです。

家族の一員として屋内で暮らす犬が増えてきた昨今、不妊の目的も変化してきました。不妊手術によって雌の発情出血や雄のマーキングがなくなったり、攻撃性が減れば、犬との生活がより快適に、楽しくなるはずです

　ちなみに、乳ガンと避妊手術との関係を調べた研究によると、初回の発情、すなわち約7カ月齢以降よりも前に避妊手術を施した場合には0.5%、初回の発情から2回目の発情までの間に避妊した場合には約8%、それ以後に避妊した場合は26%にも及びます。いいかえれば、初回の発情前に避妊手術を施しておくと乳ガンにはならない、ということです。

　子宮蓄膿症もかなり発生率の高い病気です。とくに、子供を産んだことのない未経産の7歳以上の高齢犬で、発情終了1カ月後頃に発症することの多い病気です。これは、赤ちゃんの入るべきところに膿がたまってしまい、経過の早い場合には2週間以内に腎不全を起こして死に至る恐ろしい病気です。この病気も、避妊手術を受けている犬には見られません。避妊していない雌犬の2大疾患は乳腺腫瘍と子宮蓄膿症であるといっても過言ではないでしょう。

去勢による病気予防効果

　また、雄犬の場合には、肛門周囲腺腫、睾丸腫瘍、前立腺肥大、会陰ヘルニアがほぼ平均して見られますが、肛門周囲腺腫、前立腺肥大に関しては各々に悪性であるガンが見られますし、睾丸の腫瘍は、転移することは少ないのですが基本的には悪性と見ます。

　睾丸腫瘍では、多くの場合、正常である時には男性ホルモンを分泌している睾丸が、腫瘍化すると女性ホルモンを異常に分泌し始めます。女性ホルモンは、異常に分泌されると骨髄での造血機能を抑制させてしまう作用があるため、その結果として再性不良性貧血に陥り、ついには死に至ってしまいます。

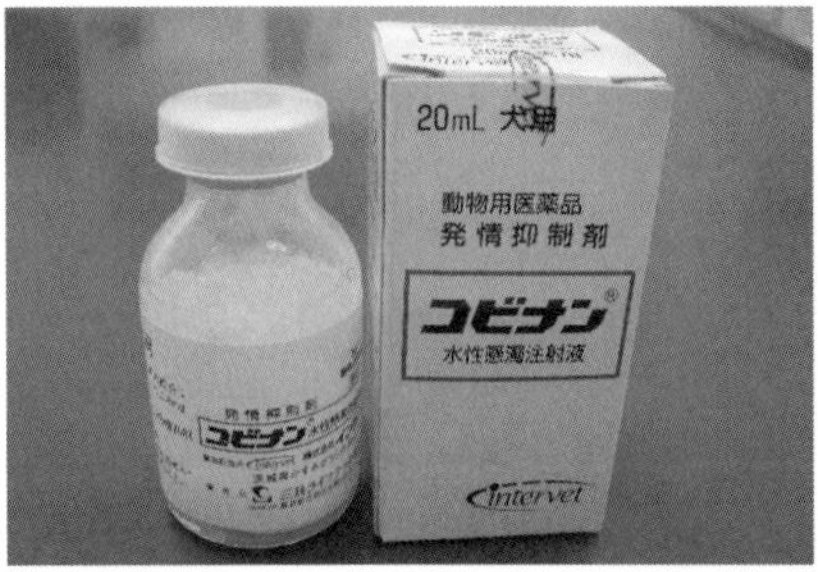

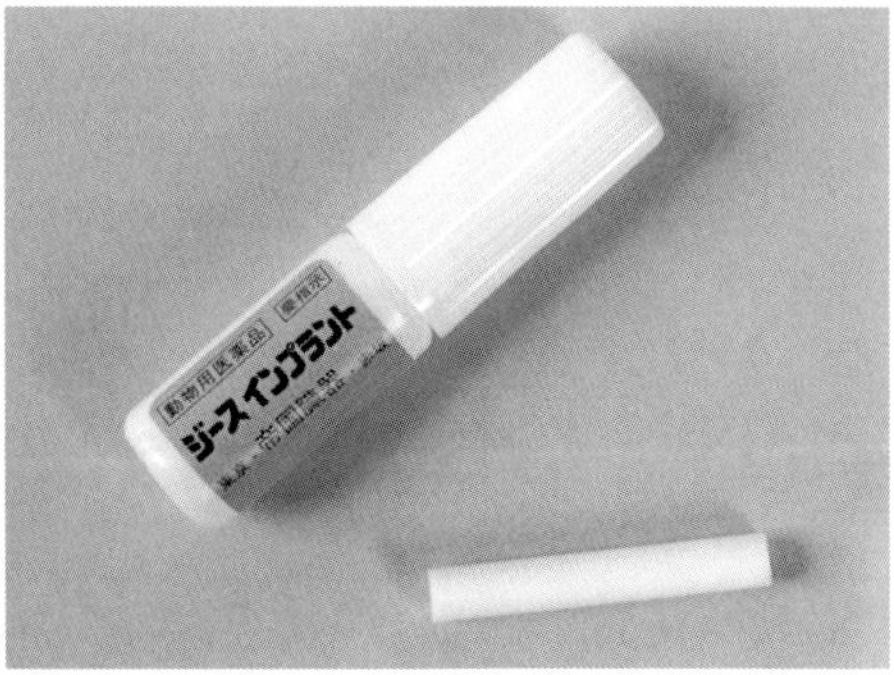

雌犬に6カ月毎に注射していく避妊用注射薬（左）と、雌犬の皮下にカプセルを埋め込むタイプの避妊薬（右）

肛門周囲腺は雌雄ともにありますが、肛門周囲腺腫は雄にしか見られない腫瘍で、良性・悪性ともにあり、たとえ良性であっても転移することが問題となります。また、前立腺肥大は良性肥大の場合、その症状が人間とはやや異なります。人間では、求心性肥大で排尿障害が多く見られるのに対して、犬では、遠心性肥大で結腸を圧迫するため、排便障害が多く見られます。そして、会陰ヘルニアは、前立腺肥大を伴うよく吠える犬に多く見られます。会陰部に起こり、腸や膀胱が入り込み障害を起こしたり、直腸が蛇行することによって排便障害を起こしたりします。

いずれの病気も発生率は比較的高いのですが、若い頃に去勢手術を施していれば発症する可能性の少ない病気なのです。

他の不妊方法

以上が不妊手術の利点ですが、それでは欠点はないのでしょうか？　結論からいうと、欠点はほとんどないと思われます。以上のような理由から、子供を産ませる予定がないのであれば、避妊手術および去勢手術はしておいたほうがよいということになります。ここでは、不妊の利点として、雌の卵巣や雄の睾丸を摘出する手術を行なった場合の話をしましたが、他の不妊方法において全く同じ効果が期待できるか否かは、まだはっきりしていません。

他の不妊方法としては、卵巣を残して子宮を取り除く子宮摘出術（将来、卵巣腫瘍や子宮断端腫を発症する可能性あり）、認可されている製剤として雌犬に6カ月毎に注射していく避妊用注射薬、そして皮下にカプセルを埋め込む避妊薬があります。これらの薬剤は、雌犬の発情を抑制することによって避妊を行なうのですが、利点としては、これらの薬の使用をやめると発情がくるので、また子供を産ませることが可能であるということ、愛犬に手術という多少なりともリスクを伴う行為をさせずにすむということが挙げられます。

欠点としては、病気の予防効果に関しては確立されていないこと、そして注射薬においては、発情のきていない時期（無発情期）に6カ月毎に注射を打ち続けなくてはならないこと、総合的に考えると手術に比較してやや費用がかかることなどが挙げられます。不妊をすべきか否か、不妊するならばいずれの方法を選ぶかを家族、そしてかかりつけの獣医師と相談の上、決めるとよいでしょう。

3 雌犬の避妊手術方法

雌犬の手術による主な避妊方法には2通りあります。それは、卵巣と子宮の両方を摘出する方法と、卵巣のみを摘出する方法です。どちらの方法を採用しているかは、病院によって異なります。今までの外科の研究者は卵巣と子宮の両方を摘出する方法を推奨している一方、最近の繁殖生理学の研究者は、子宮のホルモン支配の理論と比較研究データの結果に基づき、卵巣摘出のみの手術方法を推奨しているのです。その比較研究によれば、どちらの方法でも術後の差違は見られないというのです。術後の差違がないのであれば、手術侵襲のより少ない方法がよいことになります。

卵巣と子宮の両方を摘出する場合、卵巣のみを摘出した場合と比べ、摘出する物が多い分、切開する術野も広くなります。また、子宮と卵巣に分布する太い動脈や静脈を切断しなくてはならないため、大量出血の危険性もあります。さらに、子宮を子宮頚管部できちんと切断しておかないと、子宮蓄膿症よりもやっかいな子宮断端腫になる可能性があります。当然のことですが手術時間も長くなります。

卵巣摘出のみの場合には、傷口も小さく、出血も少なく、手術時間も短くてすみます。また、ホルモン剤等の使用により、仮に副作用で子宮蓄膿症になったとしても、同様の原因で子宮断端腫になった場合よりも手術は容易です。

卵巣子宮摘出術と卵巣摘出術の違いは子宮を体内に残すか否かですので、子宮を体内に残した場合の弊害を考えてみるとよいでしょう。犬の子宮からはホルモンは分泌されていないといわれていますし、卵巣のなくなった子宮は、消失することはありませんが退縮していきます。また、残った子宮にガンや肉腫あるいは内膜炎などの病気が発生する例も、今までの集計によるとほとんど認められていないようです。したがって、犬の体にとって、術後の弊害も、有益な面も、両者に差違が認められないようなので、卵巣摘出術のほうが卵巣子宮摘出術よりも肉体的負担が少なく有益であるといえます。

避妊手術を受ける時期は、健康であればたとえ妊娠していても、出産中であっても可能です。が、あやまって妊娠させてしまう前に対処すべきであり、また、発情中は血管も太くなっていて出血しやすいので、発情が始ま

雌の生殖器
雌の避妊手術には、卵巣と子宮の両方を摘出する方法と、卵巣のみを摘出する方法の2つがあります

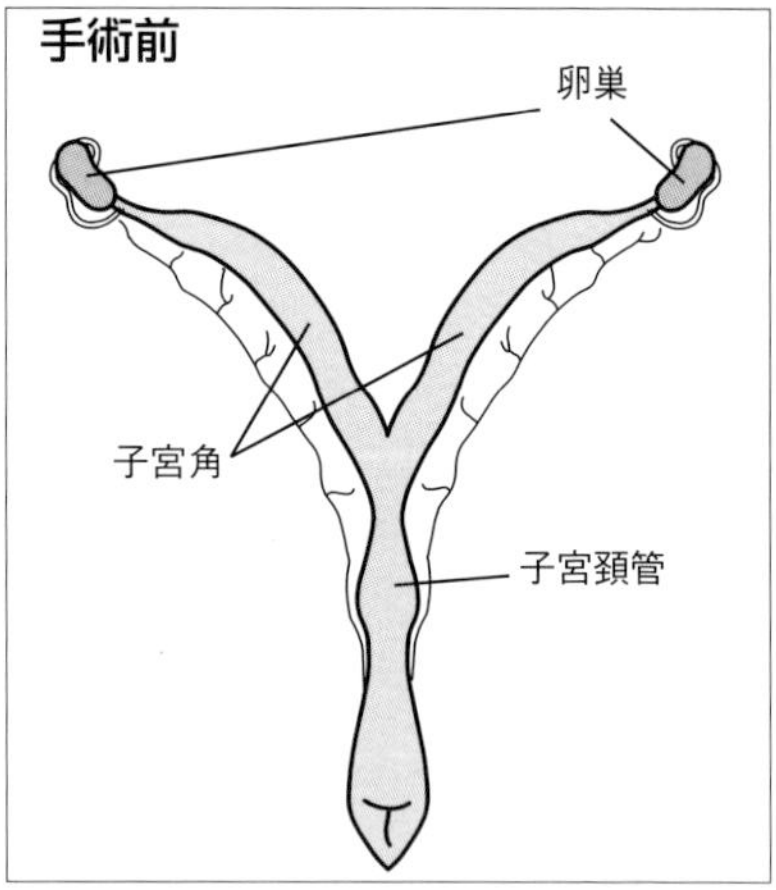

卵巣摘出手術
子宮は残し、卵巣だけ摘出する方法です。卵巣と子宮の両方を摘出する方法と比べても、手術の効果も術後の弊害も差が無いため、切開する部分が小さく犬の体への負担が少ないと言えます

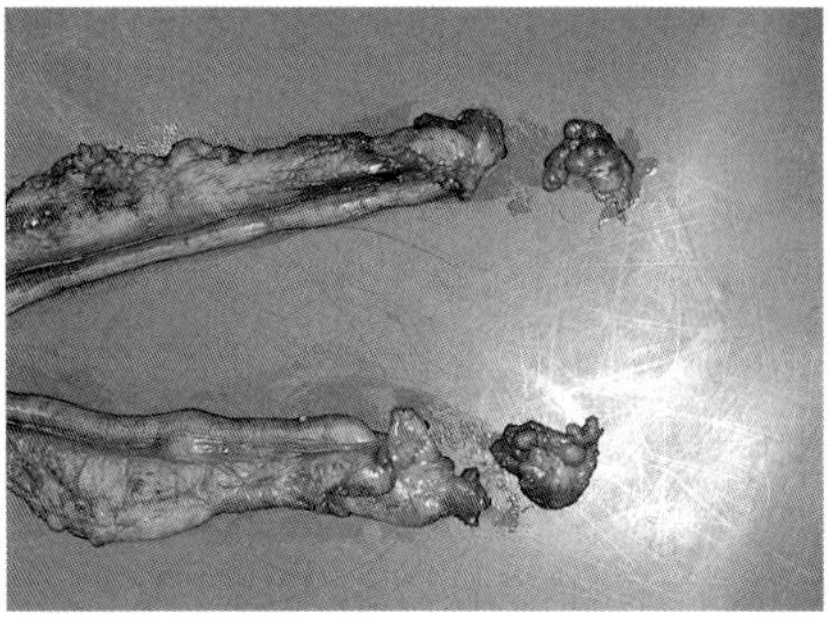

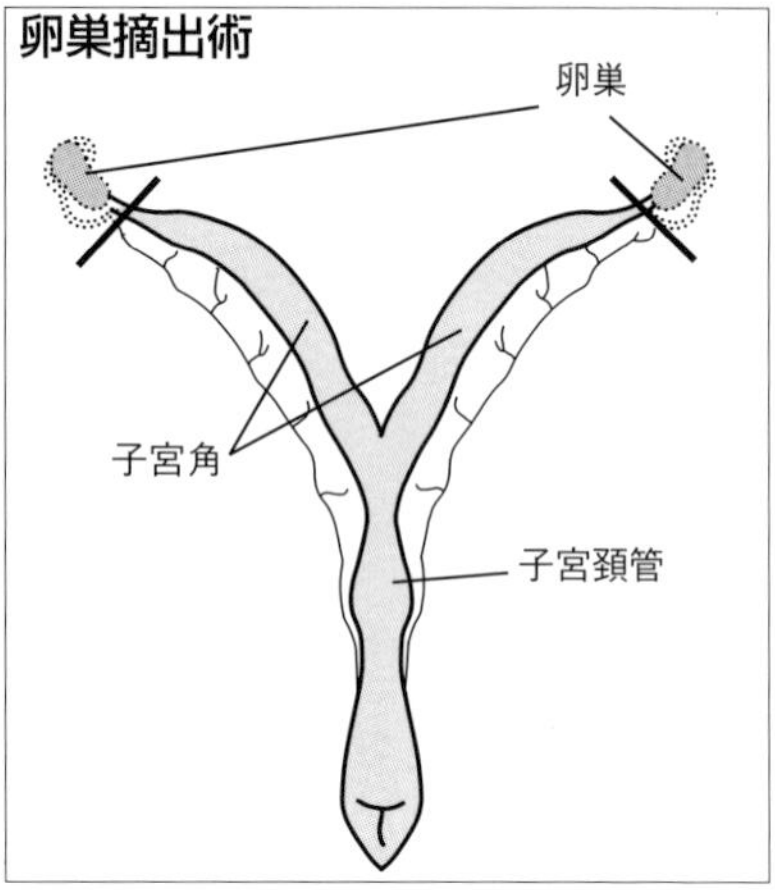

卵巣子宮全摘出術
卵巣と子宮の両方を摘出する方法です。卵巣のみの摘出と比べて摘出する物が多い分、切開する術野も広く、出血も多くなります

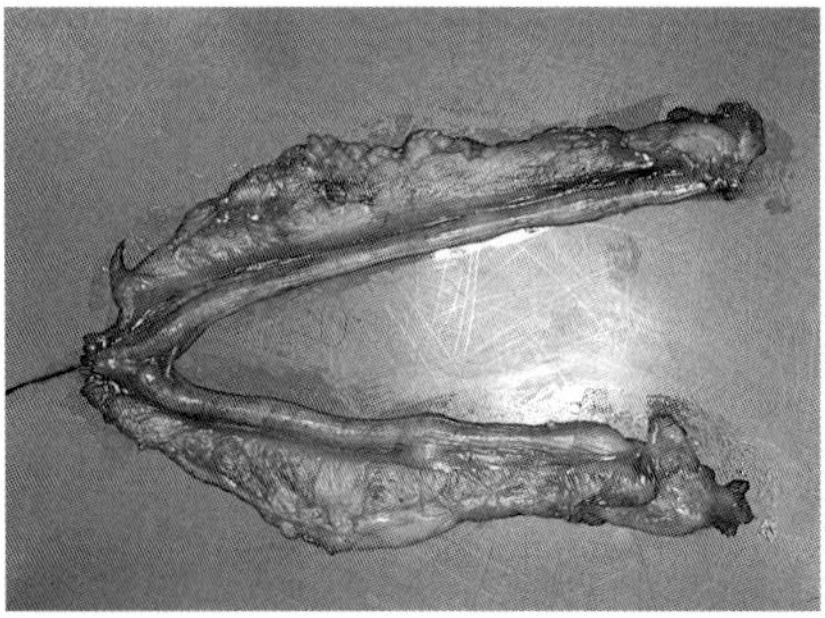

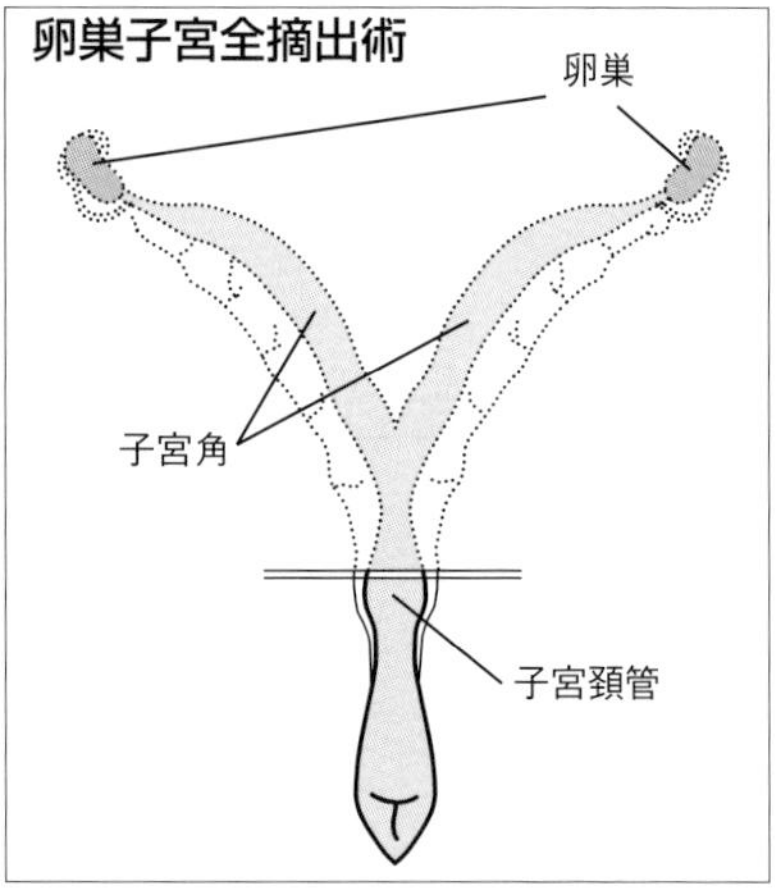

雄の生殖器
睾丸の中には精巣と精巣上体が納っています。去勢手術ではこの部分を摘出します

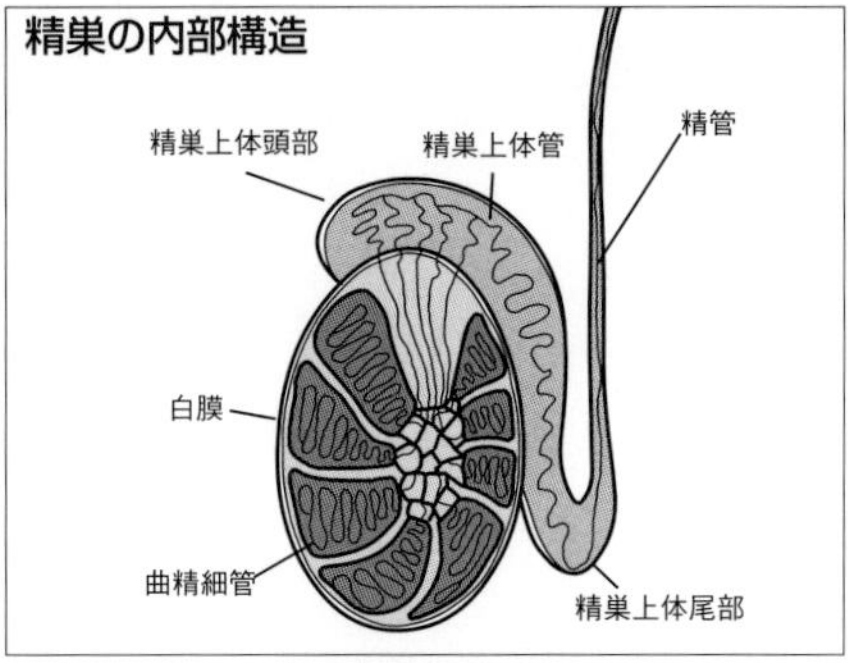

去勢手術の様子。包皮と陰嚢の間の正中線上で陰嚢近くを1カ所切開し、左右の睾丸を摘出します

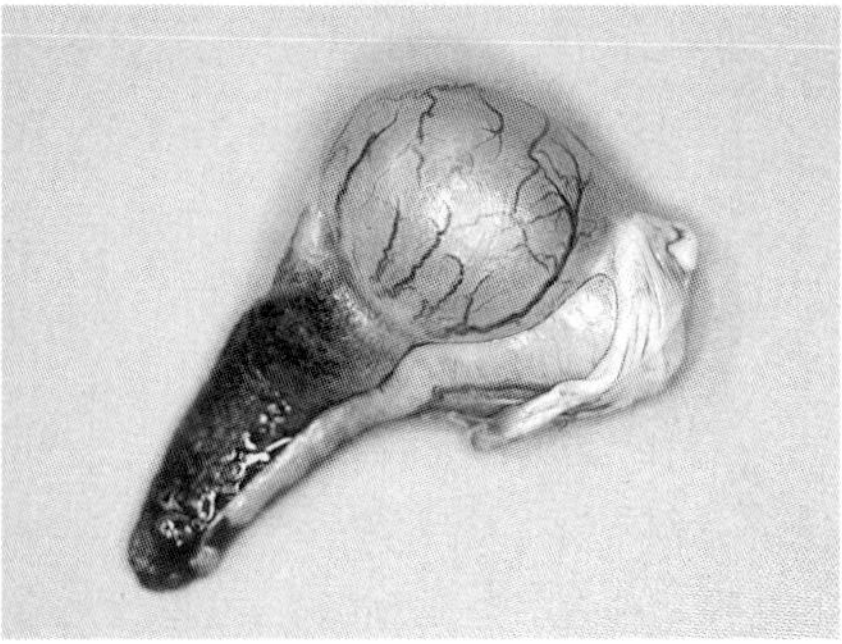
摘出された睾丸

ってしまったら、発情が終わってから手術することをお勧めします。ただし、発情中に交尾した可能性のある場合は、できるだけ早く手術を受けてください。妊娠子宮になると卵巣子宮全摘出術を行なわなくてはならないし、肉体的負担も傷口も大きくなってしまうからです。前述のように、最も適切な時期は生後5～6カ月齢の頃です。

4 雄犬の去勢手術方法

雄犬の不妊手術は、睾丸を摘出する去勢手術法で行なわれることが一般的です。包皮と陰嚢の間の正中線上で陰嚢近くを1カ所切開し、そこから左右の睾丸を摘出します。睾丸を摘出したことによる弊害もまずありません。むしろ有益な面のほうが多いので、足をあげて排尿する前の生後5～6カ月で去勢手術を行なうことをお勧めします。

5 不妊手術に対する心構え

われわれ獣医師にとって、最も神経を使う手術が不妊手術です。その理由は、人間の都合で不妊手術を行なうという一面をもっていることと、絶対に行なわなくてはならない手術ではないので、健康体に行なうべきであり、当然健康なまま帰すこと、そして、最も大事なことは、手術の後遺症を絶対に残してはならない手術であること。これらのことを常に心掛けながら手術に臨まなければならないからです。

大切な家族の一員なのですから、不妊手術を依頼する前に、手術に臨むにあたっての注意事項はないのか、術前にどのような健康診断を行なうのか（年齢や状態によっては血液生化学検査やレントゲンなども）、どのような麻酔をするのか（気管チューブを挿管して吸入麻酔で維持する方法が一般的）、手術の方法は、入院は必要なのか、必要であれば何日か、手術に要する費用の総額はどのくらいかかるのか、そしてどのような心構えをもって手術に臨んでいるか、などを獣医師に問いかけてください。

術前の健康診断や麻酔については問いかけなくとも獣医師がきちんと説明してくれるでしょうが、心構えまでは話さないでしょうから、家族のほうから質問してみましょう。信念を持って手術に臨んでおられる先生であれば、嫌がらずに答えてくれるはずです。

ただし、「たかが不妊手術じゃないですか、安心して任せなさい」という先生は要注意です。不妊手術は施しておいた方がよいのですが、選択を誤ると犬も家族も一生不幸を背負って生きて行かなければならないのです。先生を選ぶのはあなたなのですから、万が一手術を失敗したとしたら、当然執刀した獣医師に責任があるのですが、その先生を選んだあなたにも責任があるということを忘れないでください。

人間のお医者さんも獣医師も一人の人間です。国家試験を合格して医者になったのだから、どの先生も同じだ、と思ったら大間違いです。犬は医者を選ぶことができないのですから、あなたが信頼できる獣医師を探しましょう。獣医師の多い病院にかかる場合も、その中で探します。かかりつけの病院がない場合の病院選びは、近所の評判も大切ですが、犬を連れずに病院へ行って「不妊手術を検討しているのですが、先生と直接お話ができますか」と、受付にいえばよいのです。受付の対応や先生の態度や話を聞いた上で、「それでは家に帰って家族と相談してきます」といって帰ってくればよいのです。

そんな勇気はないといわれる方は、電話で問い合わせてみるのも一つの方法ですが、できるだけ直接病院へ足を運んで話をしてもらいたいものです。人間の病院ではあたり前のことですから、恥ずかしがらずに行ってください。あなたの愛犬の命はあなたにゆだねられているのです。病院選びは慎重に行なってください。不妊手術だからこそ、よりていねいに扱っていただきたいのです。

CHAPTER

12

松崎　正実

子犬の衛生管理

1 とくに注意すべき時期

出産が無事に終わると、さっそく子犬にとって一人前の犬になるための第一歩が始まります。産まれたばかりの子犬は、本能的に暖かいもの、すなわち母犬に近づき、自分の力だけで母犬の乳首を探し当て、母乳を飲み始めます。

出産後24時間以内くらいの母乳のことを初乳といい、その初乳を飲むことによって、母犬から、移行抗体という病気に対する免疫力をもらうことができます。この抗体をもらうことにより、子犬の時期に、細菌感染などによる病気などから身を守ることができるのです。移行抗体がどれくらいあるのかという程度は、母犬の持っている抗体の状態によって変わってきます。

子犬の健康状態にとくに気をつけなければならないのは、出産直後から離乳が完全に終わる3～4週間の期間です。中でも生後1週間から10日以内の時期は最も子犬の死亡率が高く、死亡する子犬の6～7割がこの時期に亡くなると言われています。

生後1カ月を経過する頃には、食事も排泄もすべて自分でできるようになり、その健康状態も動きの活発さや食欲、便の状態などでわかるようになります。

2 出産直後の注意

体温と温度管理

出産直後の子犬は、母犬の38℃から39℃の体温の中という居心地の良いところから、急に低い気温の場に出てきます。生まれたばかりの子犬は、まだ体温調節機能が発達していないため、外界の温度の影響を受けて、約35℃～36℃くらいまで、急速に体温の低下が見られます。

子犬の体温調節機能が正常に機能するまでには3～4週間ほどかかりますので、それまではある程度の保温が必要となります。子犬は本能的に暖かいもの、すなわち母犬や兄弟犬に近づき体温の低下を防ごうとします。兄弟犬がたくさんいれば、お互いに重なり合うようにすることで保温になりますが、1頭や2頭といった少ない数の場合には、母犬についていない限り、体温の低下が見られることになります。

出産時期が夏場の暑い時期であれば保温の必要がないこともありますが、それ以外の季節で

新生児はまだ体温調節機能が発達していないため、夏以外は保温が必要です。20℃前後を目安に、室温を調節します

は、子犬の様子によって保温が必要になります。保温の目安は20℃前後くらいでよく、温度を上げすぎると子犬の体温も上昇することになり、代謝が活発になって、それに伴い酸素消費が増え、呼吸器にもそれなりに影響が出てきます。元気のない子犬や生まれてすぐの子犬は、この温度変化についていけませんので、室温は少し低めに設定してやる方が安全です。

夏場に室温が異常に高くなった時などは、通風に注意してやったり、エアーコンディショナーを利用したりして室温を調整してやります。

屋外飼育で、外の犬舎で出産させる場合は、夏の暑い時期には日除けや風通しに注意を払い、より涼しい環境になるようにします。また、秋から春先までの寒い時には、保温や隙間風の遮断などに気をつけてやり、必要に応じて電気保温マットや湯タンポなどを用意します。

呼吸

子犬は、生まれた直後に母犬に舐められることにより呼吸を始め、産声をあげますが、母犬がいくら舐めてやっても産声をあげない子犬は、鼻道に羊水が詰まっているために呼吸ができない状態になっています。第3章『出産』に記載されているように、呼吸をさせてやる手助けが必要となります。このような状態を酸素欠乏（後述）といいます。

奇形

奇形には生まれてすぐにわかる外観的な奇形と、ある程度発育していく過程においてわかってくる内臓的な奇形があります。

頭部が丸い（アップルヘッド）犬種や短頭種の小型犬では、成犬になってから水頭症になる例もあります

出産直後にわかる外観的な奇形の場合、治療可能と思われる奇形であれば様子を見ながら育てて、よいと思われる時期に治療をしてやりますが、明らかに発育が困難と思われる奇形症状のものについては、早急な判断、すなわち淘汰という手段の選択が必要になります。

☆治療可能な奇形には、口蓋裂・口唇裂・臍ヘルニア・そけいヘルニア・多指症などがあり、発育と共に手術によって治療できます。（第5章『形成術について』参照）

☆治療不可能な奇形には、重度な口蓋裂や臍ヘルニア、水頭症、明らかな骨格異常など致命的な症状で治療が難しいものや、出産直後にすぐに死亡してしまうような種々さまざまな奇形がありますが、ほとんど遭遇することはないと思います。

チワワ、ポメラニアン、ヨークシャー・テリアなどの、頭部が丸い（アップルヘッド）犬種や短頭種の小型犬種では、頭頂部にある泉門という部分の頭骨が希薄で、触ると穴が開いているように感じられるものがあります。

この泉門は、発育とともに徐々に骨ができてきて、閉鎖されるものがほとんどですが、大きさによっては成犬になっても閉鎖されずにそのままのものがあり、そうした状態のまま普通の生活を送っている犬も多くいます。発育などには支障はありませんが、しつけなどで頭頂部を叩いてしまうと直接脳を叩くことになりますので注意が必要ですし、成犬になってから水頭症を発症する例もあります。

整形

犬の整形には、出産直後の2～3日以内の子犬に実施する断尾手術や狼爪除去手術（第5章『形成術について』参照）と、生後2～3カ月くらいに発育した子犬に実施する断耳手術があります。

出産直後の2～3日以内の子犬に断尾や狼爪除去を行なう理由は、神経の発達がまだ不完全な時期に実施することによって全身麻酔の必要もなく、子犬に必要以上の苦痛を与えずにすむからです。

生後2～3カ月くらいに発育した子犬に実施する断耳手術は、当然、全身麻酔下で行なわれる手術になります。どの手術にしても動物病院やその犬種に詳しい専門家に相談することをお勧

飼い主さえ警戒して、子犬を自分の体の陰に隠そうとする母犬もいます。こうした場合、無理に子犬に触ろうとしてはいけません

めします。

アクシデント

初めての出産を経験した母犬の中には、たとえ飼い主であっても異常に警戒して、子犬を見せたがらないことがあります。そのような場合、無理に子犬に触ろうとしたりすると、母犬は、自分の体で子犬を隠そうとして、産室の隅に子犬を押し付けるようにして圧死させたり、子犬を咬み殺してしまうこともあるので、母犬の様子によっては数日間はそっとしておいて、母犬が落ち着きを取り戻してから子犬に触るようにしてください。

とくに、家族以外の人に見せたり触らせたりするのは、少なくとも10日以上経ってからにするべきです。もちろん、10日以上経ってからでも、母犬が警戒するようなら、見せない方がよいと思います。

授乳後に子犬に異常が見られたら、母犬の検診と母乳のＰＨ検査を受けましょう

3 新生児の健康チェック

母乳異常

　母乳は本来は弱酸性ですが、なんらかの原因で乳房炎などの炎症を起こして中性ないしアルカリ性になった場合、その母乳を飲んだ子犬は、下痢などの症状を呈し、体調を崩します。授乳後に子犬に異常が見られたら、母犬の検診と母乳のpH検査を受けるべきです。

　また、初産の場合には母乳が出にくいことがあります。子犬に吸われているうちにその刺激で泌乳ホルモンが働き、乳汁が出てくるものですが、それでも出てこないようでしたら、母犬に水分を多めに与えるようにして泌乳を促します。どちらの場

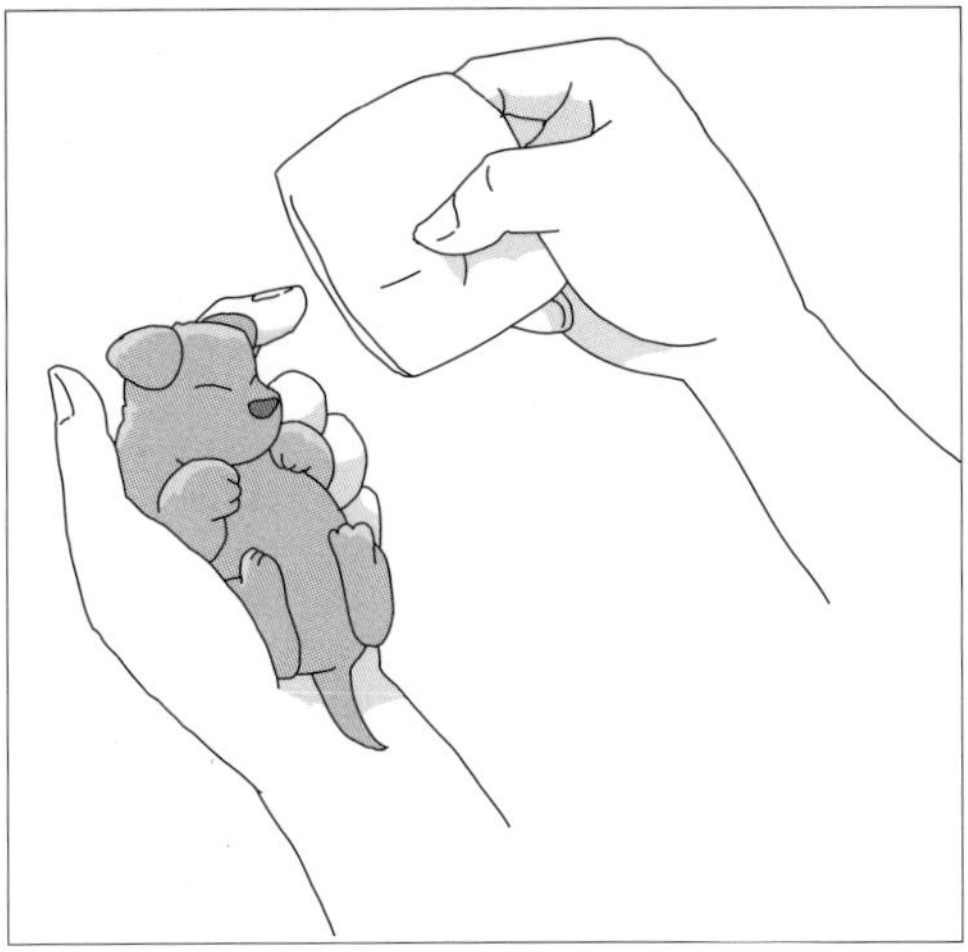

目ヤニのため目が開きづらくなっている場合、濡れたガーゼや脱脂綿に水を含ませ、やさしく拭いてやりましょう

合にも人工哺乳が必要になることがあります。（第4章『子犬の育て方』参照）

母乳の飲み具合と子犬の体重の変化

母乳の飲み具合については、第3章『出産』、第4章『子犬の育て方』に記載されているような点に注意を払い、子犬の様子から判断します。子犬の体重の変化については、出産直後から1日に1回の体重測定をすることにより、子犬の発育具合がわかります。犬種によって体重の増加程度は異なりますが、産後2～3日目に一度体重減少が見られ、その後は日々確実に増加していきます。

体重に減少が見られたり、増加が見られない日が2～3日続くような場合は、母乳の出具合が悪いのか、その子犬自体の体調が悪いのかを調べなければなりません。前述の母乳異常を念頭に入れて、母体の検診を受け、子犬の状態を調べます。

4 新生児に多い病気

先天的異常

口蓋裂、口唇裂、多指症、臍ヘルニア、そけいヘルニア、鎖肛、水頭症、横隔膜欠損、その他の内臓奇形など、外観的にわかるものや、後になってから発病したり、出産直後に死亡してしまうものなど様々な異常が考えられますが極めて稀なことです。

酸素欠乏

前述の新生児の呼吸に記載したように、生まれた直後に呼吸をしないような状態は酸素欠乏になっていますので、早急な処置が必要となります。鼻道内の水分除去、全身マッサージ、酸素吸入などをしてやります。

新生児眼炎

生後10日目頃になると目が開きます。11～12日目になっても目が開いてこない子犬は、新生児眼炎にかかっていることがあります。目ヤニのため、目が開きづらくなっているので、ガーゼや脱脂綿などの柔らかいものに水を含ませてやさしく拭いてやり、そっと目を開けてやります。開いた目から膿状のものが出てきますので、目の治療をしてやります。

食欲も子犬の健康のバロメーターです。
渋々食べているようなら要注意です

5 子犬の健康チェック

　子犬は生後2週間もするとヨチヨチ歩き始め、3週間目頃になると動きもどんどん活発になり、兄弟同士で遊んだり、母犬が舐めなくても自分で排泄できるようになります。離乳食もその頃から始まり、自分から食べるようになってきます。元気、食欲、便の状態など、子犬の健康のバロメーターはいくつも存在します。そのうち一つでもおかしいことに気づいたら、よく観察する必要があります。

　子犬も成犬も、病気は早期発見、早期治療が一番よいことはいうまでもありません。成犬と違い、子犬はほんのわずかなことで体調を悪くします。一日様子を見てからなどといっている間にどんどん悪くなることがありますので、気になった時には、すぐに動物病院に相談することをお勧めします。

元気

　生後3週間も過ぎる頃になると、子犬たちの歩き方もしっかりとしてきます。兄弟同士で遊ぶ時も母犬にじゃれついていく時も、その様子で元気さがわかります。そのような時に、一頭だけ隅でじっとしていたり、明らかに動きが遅いような様子が見られたら、注意して観察してみます。一眠りした後でも同じような状態であれば、食欲があるかなど、他の様子も気をつけて見てください。

食欲

　離乳食の食べ具合は、顔の周りにフードがくっつくくらい勢いよく食べるのが普通ですが、全く食べなかったり、渋々食べているようなら注意が必要です。ただし、母乳が沢山出ているような場合には、離乳食より母乳を先に飲んでしまうため、食欲がないように見られることがありますので、その違いに気をつけてください。

尾の形・振り方

　犬種によって尾の形は違いますが、元気な時には親犬と同じ形になっているはずです。マルチーズや日本犬などではクルッと巻いているし、ダックスフントやラブラドール・リトリーバーなどではまっすぐになってい

兄弟同士でじゃれあったり、母犬にじゃれついたり、子犬が遊ぶ様子で元気さをチェックします。
ひとりだけ隅でじっとしてるような子は、食べ方など他の行動にも注意して観察してください

ます。元気のよい時にはその形でよく尾を振りますが、調子が悪い時には下にさがった状態で尾もあまり振りません。ただし、尾のない犬種ではこれは当てはまりません。

便の状態

便は下痢をしてなければよいわけですが、あまり硬すぎたり、出にくそうな場合には注意します。下痢は、食べ過ぎや慣れない離乳食が原因になることもある一方、寄生虫によって起こることもあるので、検査する必要があります。便が硬すぎて出にくいような時には、母乳中心に戻してみたり、母乳が出ない時には離乳食に少量の牛乳や蜂蜜をたらして与えてみると、便が柔らかくなります。この時には下痢にならないように注意してやります。

6 子犬に多い病気 アクシデント

好奇心いっぱいの子犬は、なんでも口にしてみて、往々にしてそれを食べてしまいます。ボタンやコイン、ボールペンのキャップ、クリップなど、子犬が飲み込むと危険なものは、決して床に落とさないよう、気をつけなくてはいけません

寄生虫

☆外部寄生虫

外部寄生虫にはノミ、ダニ、シラミ、疥癬（耳疥癬、皮膚穿孔疥癬）、アカルス（毛包虫）などがあります。母犬に外部寄生虫が寄生している場合、子犬に必ず寄生します。母犬より子犬の体温の方が高いので、より寄生が多くなります。出産の前に母犬に寄生があるかどうかを調べておき、必ず駆虫や予防をしておきましょう。

☆内部寄生虫

母犬に内部寄生虫がいる場合にも、間違いなく子犬にも感染します。

内部寄生虫には、回虫などの線虫類やコクシジウムなどの原虫類がいますので、交配前に母犬の検便をして寄生がないことを確認しておきます。ただし、回虫については、母犬の腸内に寄生していなくても、子虫の状態で母犬に感染していれば子犬に感染しますので、生後20日を過ぎましたら子犬の検便をしてください。

栄養障害

大型犬種では、カルシウム不足によってクル病になる恐れがありますので、離乳が終わり、徐々に普通食にする頃からカルシウムの補給が必要になります。

先天性疾患

先天性の異常には、生後すぐにわかる外観的な異常と、発育するにしたがって発見できる異常があります。離乳までは何の異常も認められなかった子犬が、内臓的な異常を伴っていたということもあります。代表的な疾患としては、動脈管開存、右大動脈弓遺存、幽門狭窄などで、離乳食から固形のフードに変えた頃から発病することが多いようです。

アクシデント

子犬という生き物は、非常に好奇心の強い動物です。発育とともにしっかりと歩き出し、狭い産室から外の広い場所へと、活動範囲を広げていきます。この時期、目にするものは何でも珍しく、噛みついてみたり、引っぱってみたりして遊びます。

また、口に入れたものはコインやボタン、プラスチックの玩具の破片など、咽喉を通る大きさであれば、食べ物でなくても何でも食べてしまうことがありますので、子犬の生活の場に置いておかないように注意が必要です。

そして、遊び疲れた子犬はどこでも寝てしまいます。飼い主が犬の様子を見に部屋に入ろうとドアを開けたら、そこに子犬が寝ていて潰してしまったり、骨を折ってしまったなどということもありますので、子犬のいる場所への出入りには注意が必要です。

7 ワクチンの種類と接種時期

ワクチンの種類

犬の伝染病の予防注射には、法律で定められている狂犬病予防注射の他に、犬の伝染病であるジステンパー、伝染性肝炎、ケンネルコーフ、パルボウイルス感染症、パラインフルエンザ、コロナウイルス感染症、レプトスピラ病などのワクチンがあります。

レプトスピラ病には、その病原体の違いから3種類のレプトスピラに対するワクチンができています。

ワクチンは1種類だけを予防するための単独ワクチンもありますし、9種類が含まれた混合ワクチンまで多種類のワクチン

犬を伝染病から守るために、ワクチン接種は確実に行ないましょう

があります。どのワクチンを選択するのかは、獣医師に任せてください。

接種時期

ワクチン接種時期については、一般的には生後60日くらいの時と、90日くらいの時の2回接種でといわれていましたが、病気の流行状況や飼育環境などによっては早めの時期から開始して、数回の追加接種が必要なこともありますので、どのようなワクチネーション・プログラムにするのかは動物病院の獣医師に任せてください。

抗体の検査

ワクチン接種は、体内に、毒性を弱めた病原菌または不活化した病原菌を植え付けることによって、伝染病に対する抵抗力である抗体を作ることを目的としています。

ワクチンを接種すれば、体内にその病気に対する抗体ができるはずです。ところが、なんらかの原因で抗体ができないこともあります。

母犬からもらった移行免疫が異常に強く、長い間その影響があったり、混合ワクチンで、ある種類の病気だけの抗体ができなかったりすることもあります。

その場合にはせっかくワクチンを接種しても病気にかかってしまい、発病することになります。

ワクチンで得られた抗体の程度は、検査で調べることができます。抗体の有無は目で見てもわかりませんので、血液検査で抗体価の測定をします。検査は動物病院に依頼してください。

8 子犬の手入れ

(右)
お尻や足が汚れたときは部分洗いをしましょう
(右下)
水気をタオルでよく拭きとってからドライヤーをかけます
(下)
ドライヤーの音も、犬にとっては怖いもの。まず子犬から離れた場所に置き、送風口を子犬に向けないようしてスイッチを入れます

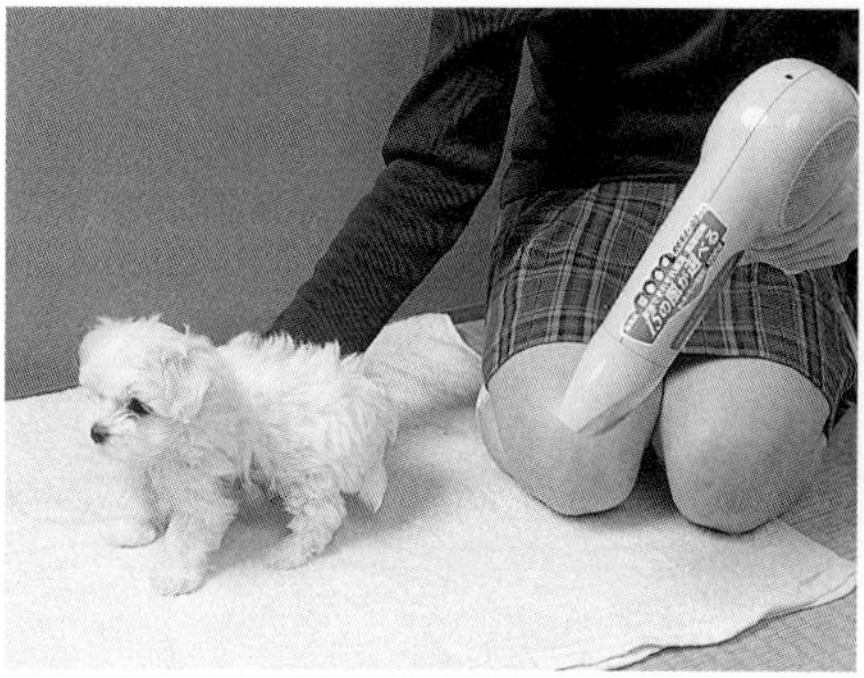

離乳が終わり子犬が自分で排泄ができる頃になりますと、遊んでいるうちに手足や体に便が付いたりします。そんな場合には、清潔にするために洗ってやらなければなりません。生まれて初めてシャンプーをされることは、子犬にとってとても怖いことなので、いかに最初に怖がらせないようにするかが大切です。

シャンプー

生まれて初めてシャンプーをする時には、細心の注意が必要です。初めてのシャンプーで失敗しますと、生涯シャンプーをさせない犬になってしまいます。

☆水を怖がらせないようにする

ホースやシャワーで水や微温湯を犬にかける時には、直接体にかけることはせず、犬から離れた所に向かって水を出し、足元から徐々に、そっとかけていきます。

また、タライやバケツに水を入れておいて、犬を上から入れようとしますと非常に怖がります。先に犬を入れてから少しづつ水を入れてやりましょう。シャンプー後のすすぎも同じように注意します。

☆耳に水が入らないようにする

洗う時に耳の中に水が入ると、外耳道炎の原因になることがあります。しっかりと耳を押さえていても水が入ってしまうことがあるので、シャンプーをする前に耳に綿を詰めてやり、シャンプー後には必ず耳を清掃してやります。

☆ドライヤーを怖がらせないようにする

犬はドライヤーの音を怖がり

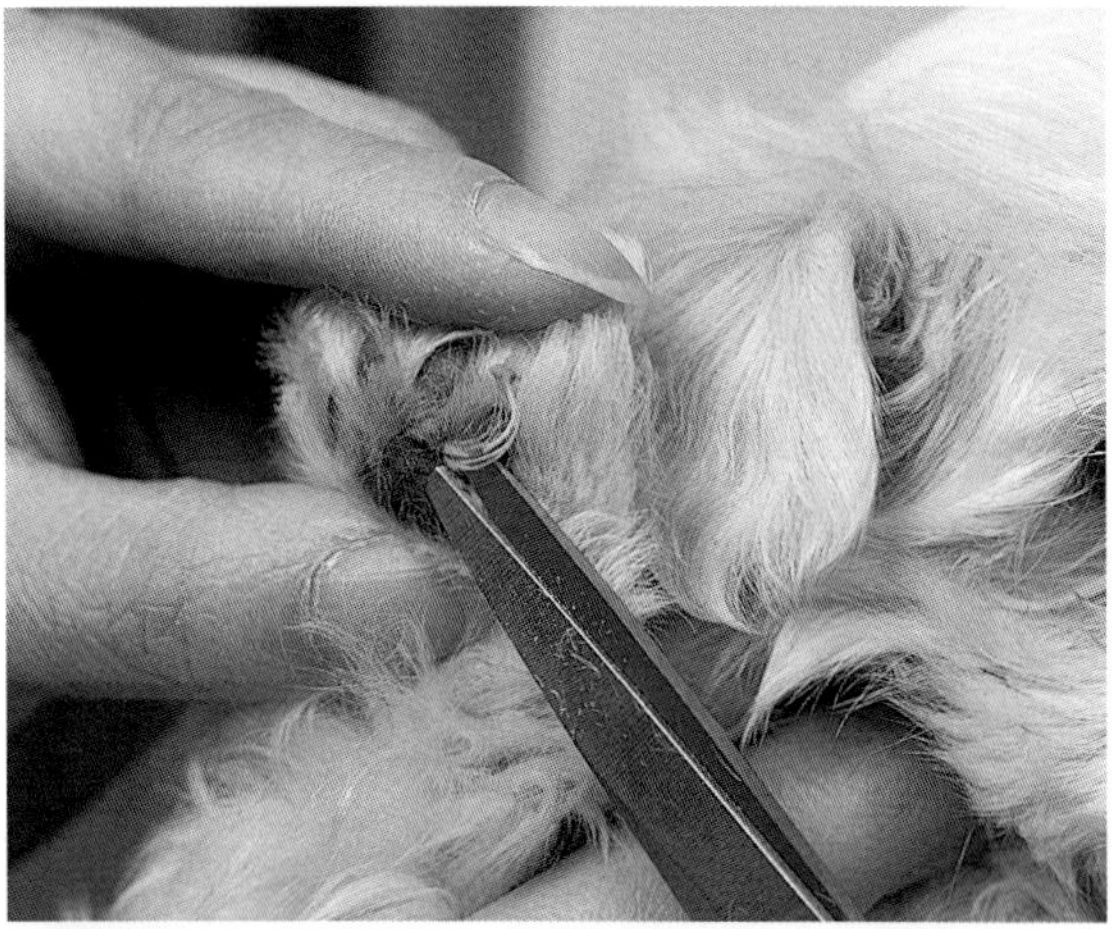

指の間の毛を切るなどして、ハサミの音にも少しずつ慣れさせます

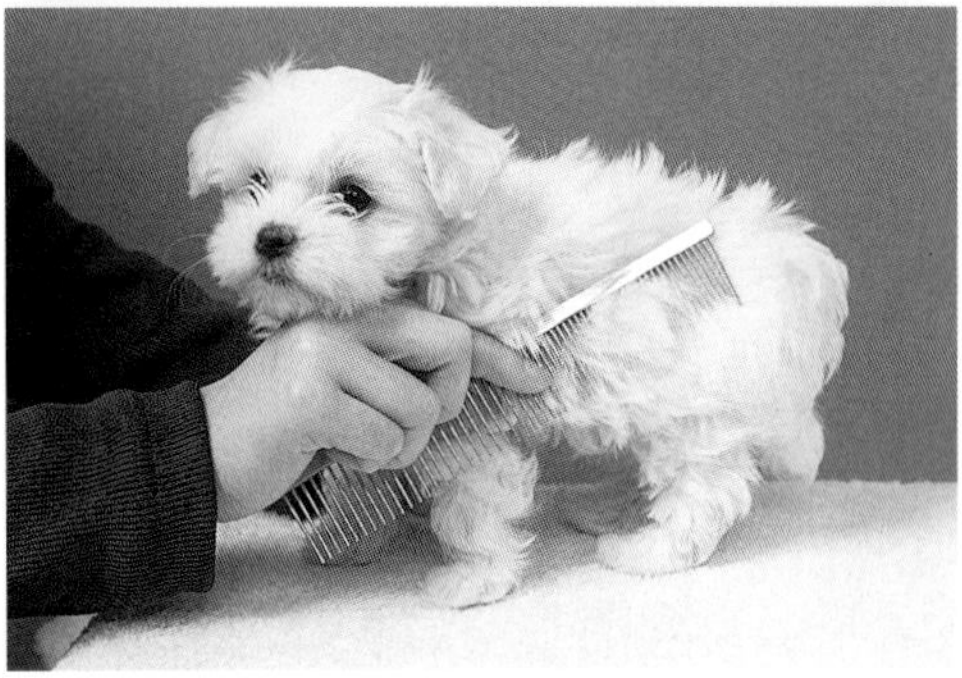

初めてのトリミングの前に、自宅で少しずつ金グシやブラシでの手入れに慣れさせておきましょう

ます。怖がらせないためには、犬からなるべく離れた所でドライヤーのスイッチを入れ、少しずつ犬に近づけていきます。ドライヤーを犬に向けたままでスイッチを入れないよう、注意してください。

トリミング

初めてトリミングする時期は犬種によって異なるでしょうし、飼育している人の希望もさまざまです。目安としては生後2カ月くらいになればできますが、ワクチンがすべて終わってからの方がよいと思います。

　トリミングをする犬種では、バリカンやハサミの音に慣らすようにしなければなりませんので、初めてのトリミングは専門家に任せたほうがよいでしょう。それまでは、自宅で金グシやブラシでブラッシングをして、手入れに慣れるようにしておき、嫌がらない程度にハサミの音などにも慣らしていきます。

爪切り

子犬の爪は成犬と違って柔らかいので、犬用の爪切りでなくても切ることができますが、できれば犬用を用意します。子犬の爪は先端だけが鋭く伸びるので、その部分だけを切ってやります。

　犬の爪の中心には血管があるので、切り過ぎると出血し、痛がるので注意が必要です。白い爪であれば血管の部分がピンク色に見えますが、黒や茶色の爪では血管が見えないので、慎重に切る必要があります。

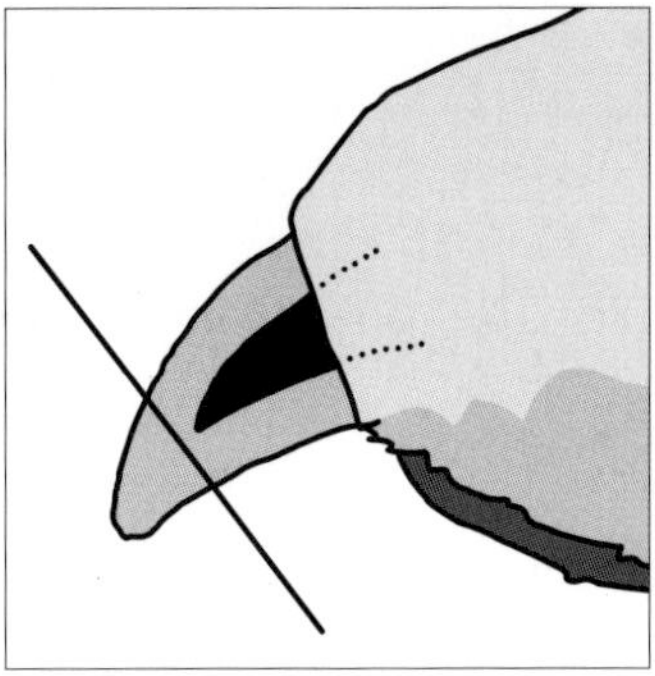

犬の爪の中心には血管があるので、切り過ぎないよう、注意が必要です

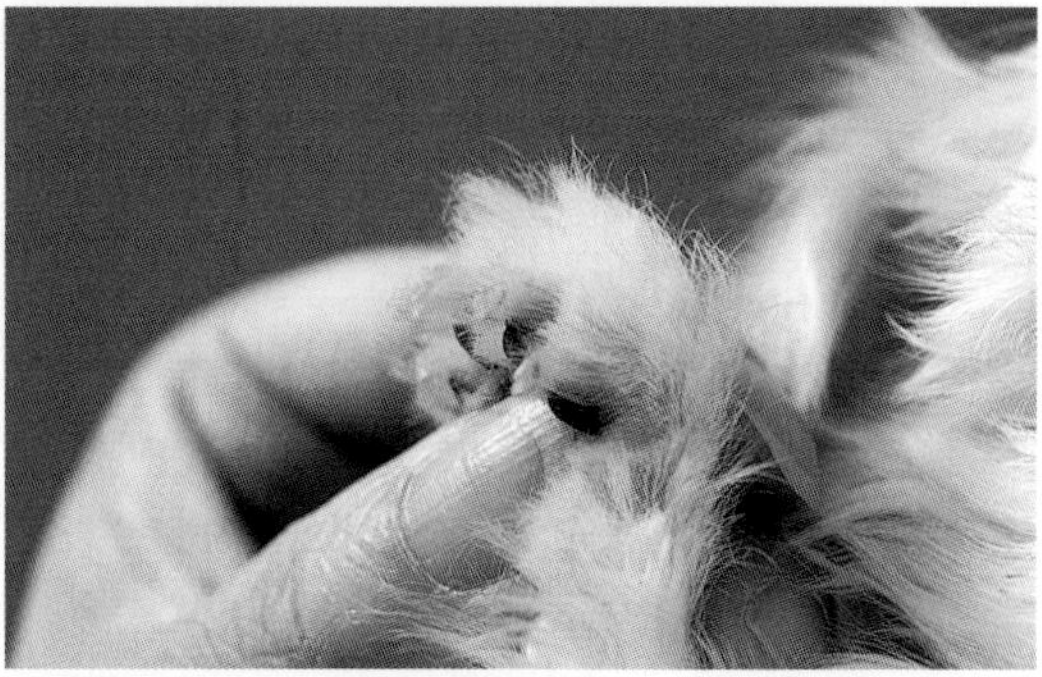

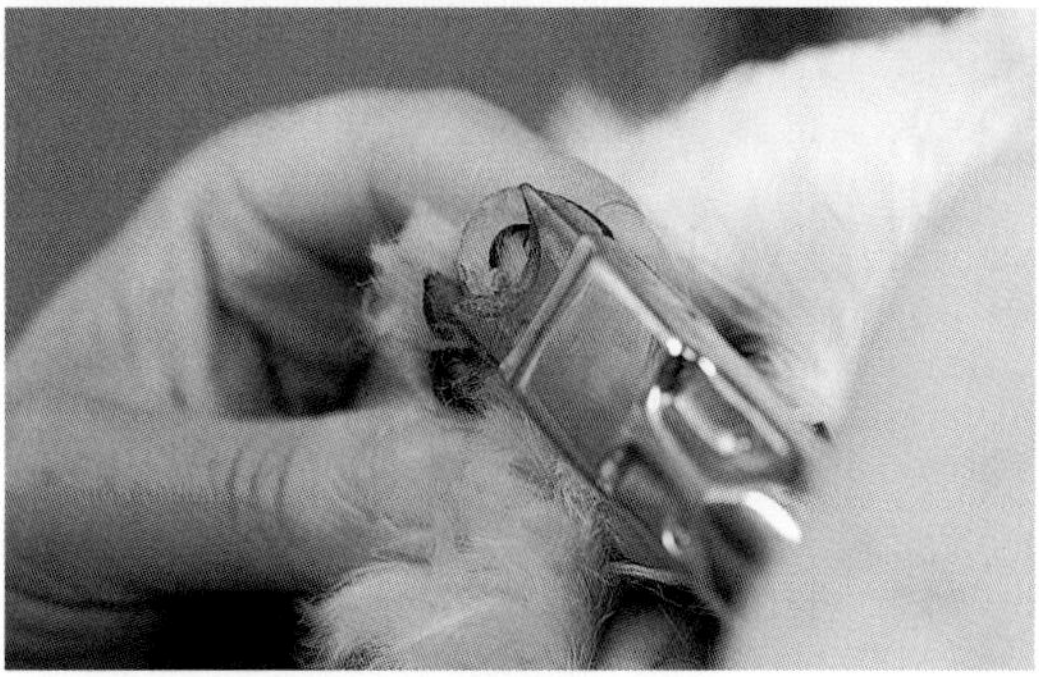

爪切りにも早くから慣れさせます。子犬の爪は先端だけが鋭く伸びるので、伸びた部分だけをカットします

耳の手入れ

犬の耳の中は、本来は汚れることはありません。普段の手入れはシャンプーの後に水分を拭いてやる程度でよく、乾いた綿棒やティッシュペーパーで軽く拭いてやります。耳の中が汚れている場合は、外耳道炎や耳疥癬などによる汚れが疑われますので、動物病院で検査、処置をしてもらいます。

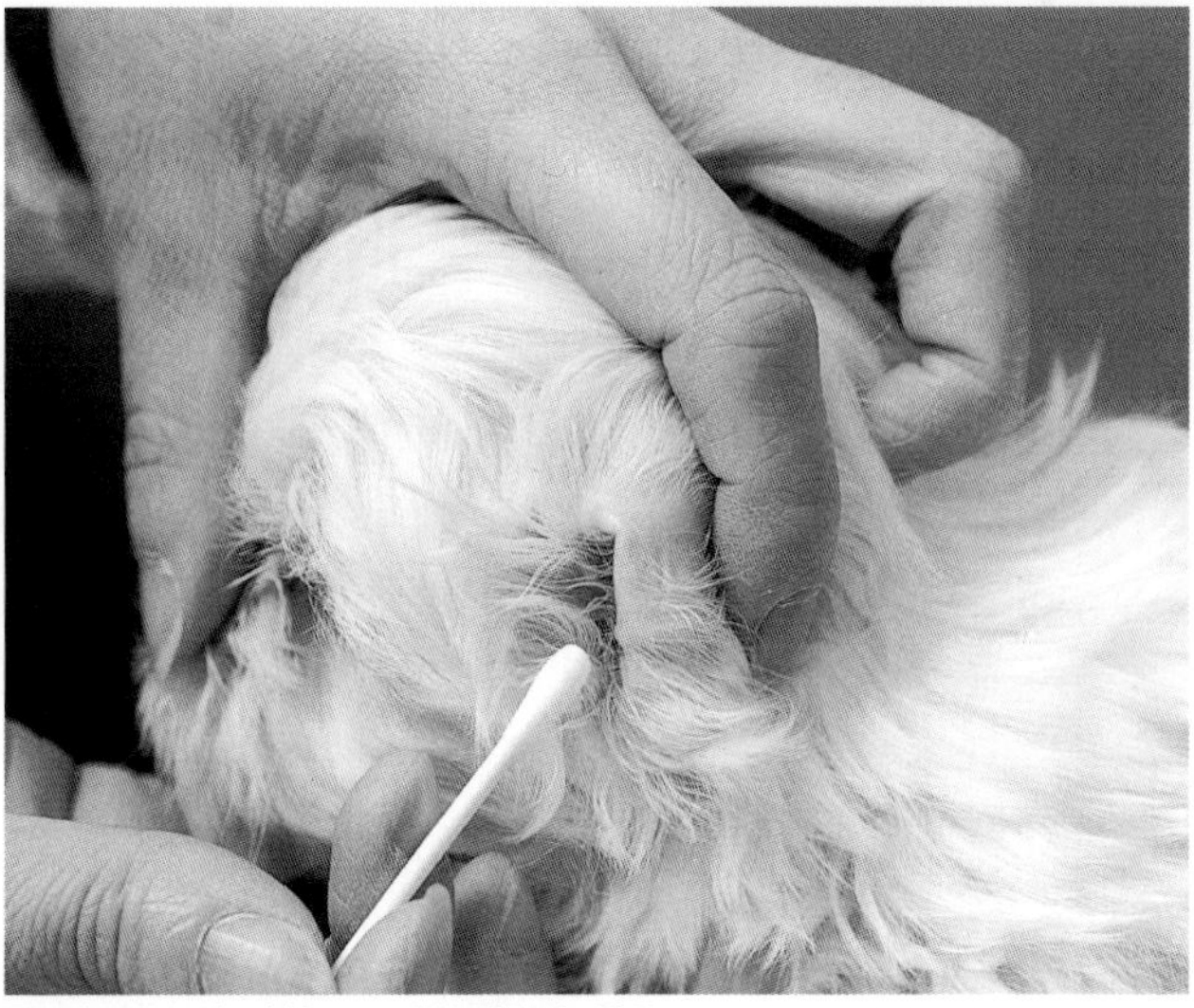

耳の中もときどき点検して、汚れがひどい時は検査してもらいましょう

●犬の出産予定日早見表

妊娠期間を平均63日として計算．実際には前後数日ずれることがあります．

交配日	出産予定日	交配日	出産予定日	交配日	出産予定日	交配日	出産予定日	交配日	出産予定日	交配日	出産予定日	交配日	出産予定日
1/1	3/5	2/23	4/27	4/17	6/19	6/9	8/11	8/1	10/3	9/23	11/25	11/15	1/17
2	6	24	28	18	20	10	12	2	4	24	26	16	18
3	7	25	29	19	21	11	13	3	5	25	27	17	19
4	8	26	30	20	22	12	14	4	6	26	28	18	20
5	9	27	5/1	21	23	13	15	5	7	27	29	19	21
6	10	28	2	22	24	14	16	6	8	28	30	20	22
7	11	3/1	3	23	25	15	17	7	9	29	12/1	21	23
8	12	2	4	24	26	16	18	8	10	30	2	22	24
9	13	3	5	25	27	17	19	9	11	10/1	3	23	25
10	14	4	6	26	28	18	20	10	12	2	4	24	26
11	15	5	7	27	29	19	21	11	13	3	5	25	27
12	16	6	8	28	30	20	22	12	14	4	6	26	28
13	17	7	9	29	7/1	21	23	13	15	5	7	27	29
14	18	8	10	30	2	22	24	14	16	6	8	28	30
15	19	9	11	5/1	3	23	25	15	17	7	9	29	31
16	20	10	12	2	4	24	26	16	18	8	10	30	2/1
17	21	11	13	3	5	25	27	17	19	9	11	12/1	2
18	22	12	14	4	6	26	28	18	20	10	12	2	3
19	23	13	15	5	7	27	29	19	21	11	13	3	4
20	24	14	16	6	8	28	30	20	22	12	14	4	5
21	25	15	17	7	9	29	31	21	23	13	15	5	6
22	26	16	18	8	10	30	9/1	22	24	14	16	6	7
23	27	17	19	9	11	7/1	2	23	25	15	17	7	8
24	28	18	20	10	12	2	3	24	26	16	18	8	9
25	29	19	21	11	13	3	4	25	27	17	19	9	10
26	30	20	22	12	14	4	5	26	28	18	20	10	11
27	31	21	23	13	15	5	6	27	29	19	21	11	12
28	4/1	22	24	14	16	6	7	28	30	20	22	12	13
29	2	23	25	15	17	7	8	29	31	21	23	13	14
30	3	24	26	16	18	8	9	30	11/1	22	24	14	15
31	4	25	27	17	19	9	10	31	2	23	25	15	16
2/1	5	26	28	18	20	10	11	9/1	3	24	26	16	17
2	6	27	29	19	21	11	12	2	4	25	27	17	18
3	7	28	30	20	22	12	13	3	5	26	28	18	19
4	8	29	31	21	23	13	14	4	6	27	29	19	20
5	9	30	6/1	22	24	14	15	5	7	28	30	20	21
6	10	31	2	23	25	15	16	6	8	29	31	21	22
7	11	4/1	3	24	26	16	17	7	9	30	次年1/1	22	23
8	12	2	4	25	27	17	18	8	10	31	2	23	24
9	13	3	5	26	28	18	19	9	11	11/1	3	24	25
10	14	4	6	27	29	19	20	10	12	2	4	25	26
11	15	5	7	28	30	20	21	11	13	3	5	26	27
12	16	6	8	29	31	21	22	12	14	4	6	27	28
13	17	7	9	30	8/1	22	23	13	15	5	7	28	3/1
14	18	8	10	31	2	23	24	14	16	6	8	29	2
15	19	9	11	6/1	3	24	25	15	17	7	9	30	3
16	20	10	12	2	4	25	26	16	18	8	10	12/31	3/4
17	21	11	13	3	5	26	27	17	19	9	11		
18	22	12	14	4	6	27	28	18	20	10	12		
19	23	13	15	5	7	28	29	19	21	11	13		
20	24	14	16	6	8	29	30	20	22	12	14		
21	25	15	17	7	9	30	10/1	21	23	13	15		
2/22	4/26	4/16	6/18	6/8	8/10	7/31	10/2	9/22	11/24	11/14	1/16		

各犬種の断尾基準表

狩猟犬	
ブリタニー・スパニエル	2.5cm残
クランバー・スパニエル	1/4—1/3残す
コッカー・スパニエル	1/3残す
イングリッシュ・コッカー・スパニエル	1/3残す
イングリッシュ・スプリンガー・スパニエル	1/3残す
フィールド・スパニエル	1/3残す
ジャーマン・ショートヘアード・ポインター	2/5残す
ジャーマン・ワイヤーヘアード・ポインター	2/5残す
サセックス・スパニエル	1/3残す
ハンガリアン・ヴィズラ	2/3残す
ワイマラナー	3/5残す（およそ3．8cm）断尾した尾が必ず生殖器を覆うようにする。
ウエルシュ・スプリンガー・スパニエル	1/3-1/2残す
ワイヤーヘアード・グリフォン	1/3残す
使役犬腫	
ブーヴィエ・デ・フランダース	1．3-1．9cm残す
ボクサー	1.3から1.9cm残す（椎骨2つ）残す
ドーベルマン・ピンシェル	1.9cm残す（椎骨2つ）
ジャイアント・シュナウツァー	3.1cm残す（椎骨3つ）
オールドイングリッシュ・シープドッグ	椎骨1つ残す体に近い所。
ロットワイラー	椎骨1つ残す　体に近い所。
スタンダード・シュナウツァー	2.5cm残す 椎骨2つ残す
ウエルシュ・コーギ（ペンブローグ）	椎骨1つ残す 体に近い所。
ウエルシュ・コーギ（カーディガン）	断尾なし
テリア種	
エアデール・テリア	2/3から3/4残す--＊
オーストラリアン・テリア	2/5残す
ワイアヘアード・フォックス・テリア	2/3から3/4残す--＊
アイリッシュ・テリア	3/4残す
ジャックラッセル・テリア	3.1から3．8cm残す
ケリーブルー・テリア	1/2から2/3残す
レイクランド・テリア	2/3から3/4残す
ミニチュア・シュナウツァー	1．9cm残す（2．5cm以下）
ノーウィッチ・テリア	1/4から1/3残す
シーリハム・テリア	1/3から1/2残す
ソフトコーテッド・ウィートン・テリア	1/2から3/4残す
ウエルシュ・テリア	2/3から3/4残す---＊
トーイ種	
アッフェン・ピンシャー	0．8cm残す（体に近い所で）
ブリュッセル・グリフォン	1/4から1/3残す（およそ0．8cm）
イングリッシュ・トーイ・スパニエル	1/3残す（およそ0．8cm）
ミニチュア・　ピンシャー	1.3cm残す（椎骨2つ残す）
シルキー・テリア	1/3残す（およそ1．3cm）
トーイ・プードル	1/2から1/3残す　（およそ2．5cm）
ヨークシャー・テリア	1/3残す（およそ1．3cm）
非狩猟犬	
ミニチュア・プードル	1/2から2/3残す。（およそ2．8cm）
スキッパーキ	体に近い位置で断尾
スタンダード・プードル	1/2から2/3残す（およそ3．8cm）
その他の犬	
キャバリア・キングス・チャールズ・スパニエル	断尾は任意に行う 2/3残す。先端の白い毛を残す。
イタリアン・スピノーネ	3/5残す。

ーーー＊　ショーポジションを子犬にとらせて尾の先端が頭頂部と同じ高さになるようにする。

断尾の長さは年によって、微妙に変わることがあるので、該当犬種の専門ブリーダーの指示を仰ぐことを勧めます。

欧米では、最近断尾をしない傾向が非常に強くなってきています。AKCでは断尾は審査基準から除外されています。

妊娠末期………42／45～46
脳下垂体………100～101／109
ノミ………25／156
ノルウェイジアン・エルクハウンド……120～121

は

肺動脈狭窄症………125
排尿………25～26／65／87／145
排便………26／65／87
排卵………29～31／32～33／100～102／105／113
パグ………11／56
破水………26／42／48
バセンジー………104
発情
発情期………24／29～34／100～105／107／113～114
発情休止期………29～31／100～101／103／113～114
発情後期………29～31／33／100～101／103／113～114
発情周期………29～31／33／100／101～104
発情出血………33／103／140
発情前期………29～31／33／100～101／103／107／113
発情徴候………24／28～29／33／113
パピヨン………121
ビーグル………121
肘関節形成不全………10／119
泌乳・泌乳量………44／152
避妊手術………40／142～143
避妊薬………142
ピルビン酸キナーゼ欠損症………124
貧血………124
頻尿………28
ファロー四徴症………125
フィーメイルライン………17
フォンビリブラント病………123
副生殖器………24
腹帯………40
腹膜炎………83
プードル………121
不妊………28
不妊手術………130／142／145～146
フライングディスク………20
ブリーダー………8／26／44／86／94／98
ブルセラ菌………42
ブルドッグ………11／54／56
フレンチ・ブルドッグ………11
プロゲステロン（ジェスタージェン）………101～103／107／109～112／114
プロスタグランジン………109～111
プロラクチン………101～102／107／109～111／114
ペキニーズ………11／54／56／121
へその緒………47／49／51～52
ベドリントン・テリア………126
ヘマトクリット………108
ヘルニア………81～83
ヘルニア輪………57／82～83
ペットショップ………8／22／26／86
膀胱………37／82／128／142
膀胱炎………28
保温………60／148～149
ホスフォフルクトキナーゼ欠損症………124
哺乳ビン………63～65
ポメラニアン………121／150
ホルモン測定………33
ホルモン治療………40

ま

マウント………24～26／33／103～104／106
マルチーズ………154
慢性腎不全………122
ミニチュア・シュナウツァー………121
ミニチュア・ダックスフント………15～17／121
ミニチュア・プードル………121
無出血………28～29
無発情期………29／31／40／100／113／142
メイルライン………17
免疫………25／63
免疫力………148
網膜………120～121

や

幽門狭窄………157
ヨークシャー・テリア………121／150～151
羊水………46／49～50／109～110／113／149
羊膜………48～52／55／113

ら

ラインブリーディング………16／18～19
ラブラドール・リトリーバー………154
卵巣………29～32／44／100～102／109／142～144
卵巣摘出術………143～144
卵巣子宮全摘出術(卵巣子宮摘出術)………143～145
卵胞………29～31／44／100～102
卵胞壁………29
卵胞ホルモン………29～30／101
離乳………13／66～67／87／148／157／159
離乳食………66～67／154～155／157
流産………42／109
レントゲン検査→X線検査
狼爪………81／126／128
狼爪切除………77／79／150

わ

ワクチン………25／89／157～158

ジャーマン・シェパード………73／121
ジャック・ラッセル・テリア………70
シャンプー………41／159
受精卵………30～31／36
出血………28～29／47／53／143
出産兆候………47～48
授乳………40／45
腫瘍………79／126／140
腫瘍化………79～80／122／126／141
ショー・ドッグ………15
初回発情………44
助産………51／52／58
女性ホルモン………80／141
初乳………25／63／148
視力障害………121
人工授精………132～138
人工哺乳………54／63～65／87／153
新生児眼炎………153
心臓奇形………25
心臓病………124～125
心房中隔欠損症………125
心室中隔欠損症………125
腎臓………122
陣痛………48～49／51／55～57／113
陣痛促進剤………57
陣痛微弱………49／56～57
水頭症………25／121／150
スタンダード………10／15／76／92～93／130
巣作り行動………31／37／40／48／112～113
ストップ………15
スメア検査………33／113
精液………24／33／132／134～138
精管………24
精子………24／44
性周期………29～31／113
生殖器………44
性成熟………24／44
精巣………32／122
精巣上体………24／
性フェロモン………100／103
射精………34～35
受精卵………30～31／41
潜在睾丸………77／79
先天性膝蓋骨脱臼………77／83～84
先天性新陳代謝異常………126
先天性聴覚障害………122
先天性白内障………25／120／124
先天性網膜萎縮………10／25／104／120～121／140
セント・バーナード………126
泉門………150
前立腺………24／35／136
そけいヘルニア……57／77／81～83／128／150／153

た

大動脈狭窄症………125
胎盤………25／42／48～49／53／107～109／
111～113
胎膜………42／49
ダックスフント………121／154
脱腸………128
ダニ………25
種雄………26～28／135
ダルメシアン………122
断耳………76～80／79／150
男性ホルモン………79～80／141
短頭種………11／56
断尾………76～80／150
単発情性動物………29／31
チベタンマスチフ………104
着床………30～31／32～33／39／40～41／107
腸内寄生虫………25／156
停留睾丸………24～25
膣産道………48
膣分泌物成分………33
超音波検査………37～40／46／110
直腸………37／142
直腸温………48／112
チワワ………13／121／150
狆………11／56
つわり………36
帝王切開………11／38／42／56～58／110
停留睾丸………24
テストステロン………79／100
てんかん………25／121
トーイ・プードル………68
凍結精液………135／138
糖尿病………108／122～123
動脈管開存症………25／124／157
登録証明書………93
ドッグフード………41
突発性（真性）てんかん………121
トリミング………160

な

内部寄生虫………156
ナルコレプシー………122
難産………11／38／42／46／49／54～58
難聴………122
軟便………48
乳腺………31／37／40～41／44／80／102～103／114
乳腺炎………53／114
乳腺腫瘍………140～141
乳房………45／49／53～54
乳房炎………40／152
尿膜………42／48／108
妊娠
　妊娠後期………39／42／53／107
　妊娠子宮………39／44／109
　妊娠初期………37／39
　妊娠前期………40～41
　妊娠徴候………37／39／41
　妊娠中期………41／46

i n d e x

索　引

あ

アイリッシュ・セッター………120
アウトブリーディング………18～19
悪露………26／42
アジリティー………20
後産停滞………51／58
アンドロゲン………101
アンドロステジオン………100
移行抗体………148／158
遺伝子検査………117／121
遺伝性疾患………25／92／116～117／129～130
一胎子登録………96～98
イングリッシュ・セッター………122
陰茎………44／104／136～137
インスリン………108／122～123
陰嚢………24／122
インブリーディング………18～19
右大動脈弓遺存症………124／157
産声………52／149
運動………40～41
エストラジオール………100
エストロゲン………79～80／100～102／110～111
X線検査（レントゲン検査）………39／40／46／110／118
黄体機能………30
黄体ホルモン………30～33／40／101～102／107
オキシトシン………109／112
下り物………50／53／58
温度調節………45
アジリティー………20
後産停滞………49／58
アンドロゲン………101

か

外陰部………26／28／30～31／34～35／42／47／51／53／100／103／134／138
外耳炎………79
外部寄生虫………25／156
カタプレキシー………122
肝炎………126
眼瞼外反症………25／83／128
眼瞼内反症………25／77／83／128
肝硬変………126
完全交尾………104
奇形………19／42／57／77／135／149
寄生虫………25／156
亀頭球………33／104／136
偽妊娠………31／40／102／114
キャリアー………116／121
求愛行動………33
去勢手術………79／145
近親交配………18～19／126
グレイ・ハウンド………122
グレート・デン………13
グレート・ピレニーズ………126
グルーミング………25
グルカゴン　108
欠歯………77／79
血統書………15／16／27／92～98／132
血尿………28
血友病………25／123
下痢………41／48／52／63／152／155
権勢症候群………90
原虫………42
口蓋裂………25／77／81／126／150／152
口唇裂………81／150／153
睾丸………24／44／79～80／141～142／145
睾丸停滞………122
睾丸摘出………80／145
交配時期………31～33／113
交配証明書………27～28
交配適期………28／32／135／138
交配料………27～28
高齢出産………44
子返し………27
股関節形成不全………10／25／118～119／140
骨盤………39／42／57／110
骨盤狭窄………39
骨盤腔………46／57
コリー………120
コルチゾール………111
ゴールデン・リトリーバー………72／121

さ

細菌………42
再生不良性貧血………80
臍ヘルニア………77／81～82／126～127／150／153
逆さまつ毛………83
サックリング………87
サモエド………122
産室………37／45～46／48／53／151
酸素欠乏………153
産道………38／42／51／54／58
産道通過障害………38
シェットランド・シープドッグ………71／121
子宮
　子宮角………108／113
　子宮頚管………111
　子宮収縮………111～113
　子宮断端腫………143
　子宮破裂………51／58
　子宮浮腫………108
　子宮壁………30
シザースバイト………15
雌性ホルモン………44
自然交配………105／133／138
自然分娩………46／56／58／105／110
シー・ズー………82
膝蓋骨脱臼………83～84
社会化………11／88
若年性糖尿病………122～123

執筆者紹介

（五十音順・敬称略）

天野三幸
〒168－0061　東京都杉並区大宮1－2－3　天野動物病院
（開業獣医師・日本獣医畜産大学卒業）

野矢雅彦
〒350－1234　埼玉県日高市上鹿山143－19　ノヤ動物病院
（開業獣医師・日本獣医畜産大学卒業）

早川靖則
〒350－1322　埼玉県狭山市下広瀬91－1　早川小動物病院
（開業獣医師・北里大学卒業）

松崎正実
〒242－0002　神奈川県大和市つきみ野4－11－14　つきみ野松崎動物病院
（開業獣医師・日本獣医畜産大学卒業）

宮田勝重
〒124－0022　東京都葛飾区奥戸3－19－20　宮田動物病院
（開業獣医師・日本獣医畜産大学卒業）

写真協力（順不同・敬称略）：
高橋秀美・大野由美子・鈴木英樹・加藤みよ・嶋田清子・是成信利・杉浦市郎・三本正子・福島則子・小原紀・堺　一幸・石毛良子・阿部美代・松野修・篠原鞆音・中沢秀章・鈴木好美・水口邦夫・村瀬紀元・石丸悦子・谷部興久・菅原国太郎・斉田恵美・武山警察犬訓練所・佐久間信・中島正子・永田正則・佐久間加代

資料提供：しんでん森の動物病院

写真撮影：井川俊彦
イラスト：©おSARU・P16のみ藤枝敏夫
ブックデザイン：アートマン（風穴　尚）
編集協力：ミロプレス

カラー版　愛犬百科シリーズ

愛犬《あいけん》の繁殖《はんしょく》と育《いく》児《じ》百《ひゃっ》科《か》

NDC645.62

2002年3月26日　発　行
2013年2月10日　第13刷

編　　者　愛犬《あいけん》の友編集部《ともへんしゅうぶ》

監 修 者　宮田勝重

発 行 者　小川雄一

発 行 所　株式会社　誠文堂新光社
〒113-0033　東京都文京区本郷3-3-11
[編集]電話 03-5800-5769
[販売]電話 03-5800-5780

http://www.seibundo-shinkosha.net/

印　　刷　株式会社　大熊整美堂

製　　本　株式会社　岡嶋製本工業

ISBN978-4-416-70203-1